普通高等学校"十四五"规划电气类专业特色教材

ZHONGGAOYA DIANLI SHEBEI XUNI PINGTAI SHIYAN ZHIDAO
中高压电力设备虚拟平台实验指导

- 主　编／王家林　王黎明　李成县
- 副主编／赵永辉　杨　硕　欧阳继能

华中科技大学出版社
http://press.hust.edu.cn
中国·武汉

内 容 简 介

本书包括混合物理仿真训练平台简介、纯软件仿真模式实验指导和混合仿真模式实验指导3大部分,共5章,13个实验,旨在通过混合物理仿真训练平台,全面模拟中高压电力设备的运行状态及故障模式,为专业教学实验、培训、考核提供有力支持。该平台以典型的港区10 kV变电站为模拟对象,结合虚拟现实与实物硬件设备,实现了对电力设备的辅助教学和操作培训功能。

本书可作为电气工程及其自动化专业本、专科生的实验指导书,也是从事中高压电力设备管理相关工作的工程师及技术人员的参考用书,同时还可供从事虚拟仿真实验教学开发的技术人员参考。

图书在版编目(CIP)数据

中高压电力设备虚拟平台实验指导 / 王家林,王黎明,李成县主编. -- 武汉：华中科技大学出版社,2025.1. -- ISBN 978-7-5772-1484-9

Ⅰ. TM4-33

中国国家版本馆 CIP 数据核字第 20249X3E83 号

中高压电力设备虚拟平台实验指导
王家林　王黎明　李成县　主编

Zhonggaoya Dianli Shebei Xuni Pingtai Shiyan Zhidao

策划编辑：王汉江
责任编辑：王汉江
封面设计：原色设计
责任监印：周治超

出版发行：华中科技大学出版社(中国·武汉)　　电话：(027)81321913
　　　　　武汉市东湖新技术开发区华工科技园　　邮编：430223
录　　排：武汉市洪山区佳年华文印部
印　　刷：武汉市洪林印务有限公司
开　　本：787mm×1092mm　1/16
印　　张：9.5
字　　数：220 千字
版　　次：2025 年 1 月第 1 版第 1 次印刷
定　　价：36.00 元

本书若有印装质量问题,请向出版社营销中心调换
全国免费服务热线：400-6679-118　　竭诚为您服务
版权所有　侵权必究

前言
PREFACE

随着电力工业的快速发展，电力设备的运行与维护变得日益复杂和重要。中高压电力设备作为电力系统的核心组成部分，其运行状态直接关系到电网的安全稳定运行。为了提高电力技术人员的专业素质和应急处理能力，我们借鉴先进的虚拟现实技术，结合实物硬件设备，构建了混合物理仿真训练平台。该平台旨在通过高度仿真的训练环境，使学员能够在接近真实的工作场景中进行操作练习，从而提升其应对各种复杂情况的能力。为配合实验平台的教学使用，我们编制了中高压电力设备虚拟平台实验指导书。

全书包括混合物理仿真训练平台简介、纯软件仿真模式实验指导和混合仿真模式实验指导三个部分。通过学习《中高压电力设备虚拟平台实验指导》，将有效提升电力技术人员的专业素养和应急处理能力，为电力系统的安全稳定运行提供有力保障。

本书由海军工程大学电气工程学院王家林副教授、王黎明教授和李成县讲师担任主编，赵永辉实验员、杨硕讲师和欧阳继能讲师担任副主编。本书参考了相关公司的产品，在此表示感谢。

本书可适用于不同层次、不同类别的专业教学实验、培训及考核需求，满足电力行业对高技能人才的培养需求。由于作者水平有限，书中错误或欠妥之处在所难免，恳请各位读者批评指正。

编　者

2024 年 10 月

CONTENTS 目录

第一部分 混合物理仿真训练平台简介

第 1 章 概述 ……………………………………………………… 3
第 2 章 设备构成 ………………………………………………… 5
  2.1 硬件系统构成 ………………………………………………… 5
  2.2 教控平台构成 ………………………………………………… 19
  2.3 软件系统构成 ………………………………………………… 22

第二部分 纯软件仿真模式实验指导

第 3 章 变电站异常与事故处理 ………………………………… 31
  3.1 事故处理的基本原则 ………………………………………… 31
  3.2 事故处理的一般程序 ………………………………………… 31
  3.3 事故处理的一般步骤 ………………………………………… 32
  3.4 事故处理时的注意事项 ……………………………………… 33
  3.5 向调度汇报的内容 …………………………………………… 33
  3.6 记录的内容 …………………………………………………… 33
  实验一 10 kV 侧线路三相故障事故处理 …………………… 35
  实验二 10 kV 侧母线三相短路永久故障事故处理 ………… 40
  实验三 10 kV 侧单相故障事故处理 ………………………… 44
  实验四 变压器故障事故处理 ………………………………… 48
  实验五 变压器故障、开关故障处理 ………………………… 52
  实验六 400 V 侧母线三相短路故障事故处理 ……………… 57
第 4 章 变电站倒闸操作 ………………………………………… 61
  实验七 变压器间隔转检修倒闸操作 ………………………… 63
  实验八 10 kV 侧间隔开关转检修倒闸操作 ………………… 74

第三部分　混合仿真模式实验指导

第5章　电力工程实验的安全须知 ······················· 85
5.1　实验室安全管理 ······························· 85
5.2　电力设备操作安全 ····························· 85
5.3　电气安全措施 ································· 86
5.4　实验过程中的注意事项 ························· 86
5.5　实验结束后的处理 ····························· 86

实验九　10 kV 侧母线故障事故处理 ···················· 87

实验十　10 kV 侧单相故障事故处理 ···················· 97

实验十一　变压器故障事故处理 ························ 111

实验十二　400 V 侧母线故障事故处理 ·················· 122

实验十三　变压器间隔停电倒闸操作 ···················· 134

第一部分

混合物理仿真训练平台简介

第1章 概论

本混合物理仿真训练平台主要以岸电变电站为模拟对象,全面仿真中高压电力设备的运行状态、故障模式,实现中高压电力设备的辅助教学和操作培训功能,适用于不同类别、不同层次专业教学实验、培训、考核的需求,能够提高技术人员对新装备的操作使用和维护保养能力。

本平台以典型的港区 10 kV 变电站为主仿真对象进行全方位的仿真,是一套虚拟现实与实物硬件设备相结合的混合物理仿真训练平台。

(1) 本虚拟训练平台主要由模拟实装操作屏柜、虚拟仿真单元、教练平台、辅助设备、虚拟仿真场景等组成。

(2) 通过虚拟现实技术逼真地再现港区 10 kV 变电站工作虚拟仿真场景,仿真变电站内各种设备的操作及分合过程,并模拟变电站中设备的各种异常、缺陷、故障等,真实再现港区 10 kV 变电站设备故障及异常现象。

(3) 本训练平台可开展港区电气设备维修职业培训、新装备模拟训练等内容,满足 100 人次/学年的实验课程教学和应急能力的训练。

(4) 本训练平台系统具备虚拟仿真场景独立运行和混合物理仿真运行两种模式,其切换满足简单易行的要求,虚拟仿真场景独立运行时,能同时满足 20 人/次的教学、培训的需求。

本平台开发设计时参考的主要技术标准依据如下:

(1) GB/T 3906—2020《3.6 kV~40.5 kV 交流金属封闭开关设备和控制设备》;

(2) GB/T 2423《电工电子产品环境试验》的第 1、2、3、10、17 部分;

(3) GB/T 17626《电磁兼容 试验和测量技术》的第 2、3、4、8 部分;

(4) GB/T 3482—2008《电子设备雷击试验方法》;

(5) GB/T 191—2008《包装储运图示标志》；
(6) GB/T 8566—2022《系统与软件工程 软件生存周期过程》；
(7) GB/T 9361—2011《计算机场地安全要求》；
(8) GB/T 2887—2011《计算机场地通用规范》；
(9) DL/T 476—2012《电力系统实时数据通信应用层协议》；
(10) DL/T 721—2013《配电自动化远方终端》；
(11) GB/T 4728《电气简图用图形符号》；
(12) GB/T 5465《电气设备用图形符号》；
(13) DL/T 5028.3—2015《电力工程制图标准 第3部分：电气、仪表与控制部分》；
(14) Q/GDW 626—2011《配电自动化系统运行维护管理规范》；
(15) Q/GDW 513—2010《配电自动化主站系统功能规范》；
(16) Q/GDW 382—2009《配电自动化技术导则》。

第2章 设备构成

2.1 硬件系统构成

混合物理仿真训练平台硬件部分主要由模拟中高压配电屏柜、模拟低压配电屏柜、教控平台、典型电力设备等组成。

1. 模拟中高压配电及变压器控制柜

模拟中高压配电单元包括 10 kV 高压接线屏柜、10 kV 变压器出线及控制屏柜、高压测量屏柜、10 kV 配电出线屏柜、无功补偿屏柜。每组屏包括各种二次仪表、按钮、转换开关、继电器、仪表、通信模块、输入/输出模块、继电保护装置等。

高压及变压器分系统主要负责模拟岸电进线、高压配电操作和变压器功能模拟,以典型 10 kV 高压电网进线为例,分系统需要模拟电网电量参数,设置相应高压配电和变压器操作屏,开展高压模块辅助教学、高压倒闸、高压模块设备检修、继电器特性测试、高压电流互感器、电压互感器接线、断路器检修、继电保护装置检修等合规操作培训。高压及变压器分系统由以下部分组成。

(1)进线柜:模拟从电网引入 10 kV 电源,经进线柜送到 10 kV 母线,由真空断路器、隔离开关、三组三线圈电流互感器、避雷器、带电显示器、电压互感器等构成。

(2)计量柜:负责模拟电能计量,由电流互感器、熔断器、带电显示器、电压互感器等构成。

(3)PT 柜或所用变电柜:负责为变电站保护、测量提供电能,包括电压互感器、隔离刀等。

(4)出线柜:模拟 10 kV 母线电能分配,可至电力变压器或者其他 10 kV 负载,由电流互感器、隔离开关、断路器、刀闸、带电显示器等构成。

(5) 变压器控制柜:反映变压器的实时工作状态,对变压器接入开关的合分进行控制。

图 2-1 和图 2-2 分别为油浸变压器和干式变压器的示意图;图 2-3 和图 2-4 为 10 kV 高压开关柜的开关示意图。

图 2-1　油浸变压器

图 2-2　干式变压器

图 2-3 10 kV 高压开关柜-1

图 2-4 10 kV 高压开关柜-2

2. 10 kV 高压接线屏柜

抽出式开关设备是 3~12 kV 三相交流 50 Hz 单母线及单母线分段系统的成套配电装置,特别适用于以下场所:发电厂及系统变电站;石化、冶金、矿山及企事业单位;城市基础设施建设及城市高层建筑。

1) 主要特点

采用新型长寿命真空断路器,避免了环境对外绝缘的影响,同时采用模块化弹簧操作机构,机械零部件少,使传动环节简化,降低了能耗,提高了机械可靠性。

接地开关采用快速合闸机构,具有短路关合能力,操作机构连杆上安装有机械闭锁,可防止当接地开关处于合闸状态时推入断路器手车或误入带电间隔。接地开关还可加装闭锁电磁铁,用以实现接地开关与非本柜之间的电气联锁。

活门驱动机构可以加装电气闭锁装置,以防止断路器手车在移开位置时由于误操作引起带电静触头裸露,确保人身和设备安全。

优先选用微机继电保护测控装置,实现主回路与控制回路的完美结合。

2) 技术参数

(1) 整体参数。

① 高压柜外形尺寸:约 2300 mm×800 mm×1500 mm(高×宽×深)。

② 重量:700~1200 kg。

③ 额定频率:50 Hz。

④ 额定雷电冲击耐受电压(全波峰值):75 kV。

⑤ 额定短时工频耐受电压(有效值):42 kV。

⑥ 额定短时耐受电流:25 kA(3 s)。

⑦ 额定短路持续时间:4 s。

⑧ 额定峰值耐受电流:63 kA。

⑨ 外壳防护等级:IP4X。

(2) 主要元器件技术参数。

高压断路器:

① 额定电压:12 kV。

② 额定电流:630 A。

③ 额定短路开断电流:20 kA。

④ 额定短路关合电流:50 kA。

⑤ 热稳定电流:25 kA(3 s)。

⑥ 动稳定电流:63 kA。

⑦ 固有分闸时间:不大于 45 ms。

⑧ 全开断时间:不大于 60 ms。

⑨ 固有合闸时间:不大于 70 ms。

⑩ 机械稳定性合分操作(不解体、不检修、不调整):3000~5000 次。

⑪ 机械寿命:不少于 10000 次。

⑫ 电气寿命:额定电流断开次数不少于 10000 次,额定短路电流断开次数不小于 30 次。

⑬ 合闸三相不同期性:不大于 5 ms。

⑭ 分闸三相不同期性:不大于 3 ms。

⑮ 额定操作循环:分—0.3 s—合分—180 s—合分。

⑯ 辅助接点的容量:10 A/DC220 V 备用。

⑰ 辅助接点:3NO+3NC(三常开+三常闭)。

⑱ 操作机构:弹簧储能型,操作电源为 AC220 V。

电流互感器:额定绝缘电压为 1 kV;额定二次电流为 5 A;精度为 0.5 级。

电压互感器:额定电压比为 380 V/100 V;最高工作电压为 1 kV;额定频率为 50 Hz;精度为 0.5 级。

高压智能操控装置:额定电压为 10 kV;控制电源为 AC220 V/DC220 V。

3. 10 kV 变压器出线及控制屏柜

抽出式开关设备是 3~12 kV 三相交流 50 Hz 单母线及单母线分段系统的成套配电装置,特别适用于以下场所:发电厂及系统变电站;石化、冶金、矿山及企事业单位;城市基础设施建设及城市高层建筑。

1) 主要特点

采用新型长寿命真空断路器,避免了环境对外绝缘的影响,同时采用模块化弹簧操作机构,机械零部件少,使传动环节简化,降低了能耗,提高了机械可靠性。

接地开关采用快速合闸机构,具有短路关合能力,操作机构连杆上安装有机械闭锁,可防止当接地开关处于合闸状态时推入断路器手车或误入带电间隔。接地开关还可加装闭锁电磁铁,用以实现接地开关与非本柜之间的电气联锁。

活门驱动机构可以加装电气闭锁装置,以防止断路器手车在移开位置时由于误操作引起带电静触头裸露,确保人身和设备安全。

优先选用微机继电保护测控装置,实现主回路与控制回路的完美结合。

2) 技术参数

(1) 整体参数。

① 高压柜外形尺寸:约 2300 mm×800 mm×1500 mm(高×宽×深)。

② 重量:700~1200 kg。

③ 额定频率:50 Hz。

④ 额定雷电冲击耐受电压(全波峰值):75 kV。

⑤ 额定短时工频耐受电压(有效值):42 kV。

⑥ 额定短时耐受电流:25 kA(3 s)。

⑦ 额定短路持续时间:4 s。

⑧ 额定峰值耐受电流:63 kA。

⑨ 外壳防护等级:IP4X。

(2) 主要元器件技术参数。

高压断路器:

① 额定电压:12 kV。

② 额定电流:630 A。

③ 额定短路开断电流:20 kA。

④ 额定短路关合电流:50 kA。

⑤ 热稳定电流:25 kA(3 s)。

⑥ 动稳定电流:63 kA。

⑦ 固有分闸时间:不大于 45 ms。

⑧ 全开断时间:不大于 60 ms。

⑨ 固有合闸时间:不大于 70 ms。

⑩ 机械稳定性合分操作(不解体、不检修、不调整):3000～5000 次。

⑪ 机械寿命:不少于 10000 次。

⑫ 电气寿命:额定电流断开次数不少于 10000 次,额定短路电流断开次数不小于 30 次。

⑬ 合闸三相不同期性:不大于 5 ms。

⑭ 分闸三相不同期性:不大于 3 ms。

⑮ 额定操作循环:分—0.3 s—合分—180 s—合分。

⑯ 辅助接点的容量:10 A/DC220 V 备用。

⑰ 辅助接点:3NO＋3NC(三常开＋三常闭);

⑱ 操作机构:弹簧储能型,操作电源为 AC220 V。

电流互感器:额定绝缘水平为 1 kV;额定二次电流为 5 A;精度为 0.5 级。

电压互感器:额定电压比为 380 V/100 V;最高工作电压为 1 kV;额定频率为 50 Hz;精度为 0.5 级。

高压智能操控装置:额定电压为 10 kV;控制电源电压为 AC220 V/DC220 V。

4. 高压测量屏柜

1) 使用条件

① 工作环境温度:−25～40 ℃。

② 使用地点海拔高度:不超过 2000 m。

③ 空气相对湿度:日平均值不大于 95%,月平均值不大于 90%。

④ 周围空气不受腐蚀或可燃气体、水蒸气等明显污染。

⑤ 无经常性剧烈振动。

2) 整体参数

① 高压柜外形尺寸:约 2300 mm×800 mm×1500 mm(高×宽×深)。

② 重量:700～1200 kg。

③ 额定频率:50 Hz。

④ 额定雷电冲击耐受电压(全波峰值):75 kV。

⑤ 额定短时工频耐受电压(有效值):42 kV。

⑥ 额定短时耐受电流:25 kA(3 s)。

⑦ 额定短路持续时间：4 s。
⑧ 额定峰值耐受电流：63 kA。
⑨ 外壳防护等级：IP4X。
3) 高压开关柜主要设备型号及参数

电压互感器：型号为 JDZ9-10；额定电压比为 400 V/100 V；精度为 0.5 级；容量为 25VA。

5. 10 kV 配电出线屏柜

(1) 柜内常用电气一次元件有电流互感器 CT、电压互感器 PT、开关柜接地开关、避雷器(阻容吸收器)、隔离开关、高压断路器、高压接触器、高压熔断器、变压器、高压带电显示器、绝缘件、主母线和分支母线、高压电抗器、负荷开关。

(2) 柜内常用的主要电气二次元件(又称二次设备或辅助设备，是指对一次设备进行监察、控制、测量、调整和保护的低压设备)有电流表、电压表、Mach 表、熔断器、空气开关、转换开关、信号灯、按钮、微机综合保护装置等。

6. 无功补偿屏柜

无功补偿柜由柜壳、母线、断路器、隔离开关、热继电器、接触器、避雷器、电容器、电抗器、一次导线、二次导线、端子排、功率因数自动补偿控制装置、盘面仪表等组成，其外观图如图 2-5 所示。

图 2-5 无功补偿柜

无功补偿柜的作用是提高负载功率因数，降低无功功率，提高供电设备的效率；电容柜是否正常工作可通过功率因数表的读数判断，功率因数表读数如果在 0.9 左右可视为工作正常。

1) 无功补偿柜元器件的作用

(1) 刀熔开关。

开关熔断器组集负荷开关和熔断器短路保护功能于一体,结构紧凑,使用安全,主要用于具有高短路电流的配电和电动机电路中作为电源开关和应急开关,并作电缆的短路保护,由于开关手柄为旋转操作,特别适用于抽屉式开关柜中安装使用。

(2) 低压避雷器。

主要产品为低压氧化锌避雷器,它用于保护交流电力系统电气设备的绝缘性能免遭大气过电压和操作过电压的损害,适合于配电箱内,电源频率为 50 Hz 或 60 Hz。安装时,先将避雷器固定在托架或横担上,下部接地端子直接接地,然后将上引线固定在接线端子上。氧化锌避雷器也称为硅橡胶氧化锌避雷器,也叫有机金属氧化物避雷器。

(3) 塑壳断路器。

断路器主要适用于交流频率为 50 Hz 或 60 Hz,额定工作电压比为 240 V/415 V 及以下,额定电流至 60 A 的电路中,该断路器主要用于现代建筑物的电气线路及设备的控制、过载和短路保护,亦适用于线路的不频繁操作及隔离。

小型断路器由塑料外壳、操作机构、触头灭弧系统、脱扣机构等组成。脱扣机构由双金属片过载反时限脱扣机构和短路瞬动电磁机构两部分组成。触头灭弧系统则采用特殊的导弧角,并具有显著的限流特性。

(4) 交流接触器触头。

切换电容器接触器主要用于交流频率为 50 Hz 或 60 Hz,额定工作电压至 380 V 的电力线路中,供低压无功功率补偿设备投入或切除低压并联电容器之用。接触器带有抑制涌流装置,能有效地减小合闸涌流对电容的冲击和抑制开断时的过电压。

使用环境条件:安装地点的海拔高度不超过 2000 m。

安装条件:安装面与垂直面倾斜度不大于 5°。

周围空气温度:−5~40 ℃,24 小时的平均温度不超过 35 ℃。

大气相对湿度:当周围空气温度为 40 ℃时,大气相对湿度不超过 50%,在较低的温度下可允许有较高的相对湿度。接触器为直动式双断点结构,触头系统分上下两层布置,上层有三对限流触头与限流电阻构成抑制涌流装置。当合闸时工作触头接通时,限流触头中永久磁块在弹簧反作用下释放,断开限流电阻,使电容器正常工作。接触器接线端有绝缘罩覆盖,安全可靠。线圈接线端有标出的电压数据,可防止接错。

2) 配置参数

① 额定电压:400 V。

② 额定频率:50 Hz。

③ 最大运行电流:≤1.4 A。

④ 最高运行电压:≤1.1 V。

⑤ 响应时间:无接点快速无涌流投切≤20 ms;高性能强力接触器≥60 s。

⑥ 最大涌流：无接点快速无涌流投切≤1.5 A。
⑦ 测量精度：电压/电流±0.5%、功率±1%、频率0.1 Hz。
⑧ 电压电流测量范围：1～300 V(AC)；0.01～6 A(AC)。
⑨ 控制回路数量：18。
⑩ 环境温度：-25～45 ℃。
⑪ 空气相对湿度：≤90%。
⑫ 冷却：强制冷却。
⑬ 周围空气温度：-15～40 ℃。
⑭ 海拔高度：2500 m 及以下。
⑮ 湿度条件：日平均值不大于95%，水蒸气压力日平均值不超2.2 kPa；月平均值不大于90%，水蒸气压力月平均值不超1.8 kPa。
⑯ 抗地震烈度：不超过8度。
⑰ 应用场所：没有腐蚀性或可燃性气体等明显污染的场所。

7. 模拟低压配电及岸电箱

模拟低压配电单元包括变压器进线柜、GCS低压成套开关柜、低压无功补偿装置柜、岸电箱。每组屏包括各种二次仪表、按钮、转换开关、继电器、仪表、通信模块、输入/输出模块等。

低压及岸电接入分系统需要模拟低压配电、岸电接入等模块内容，能够准确反映低压模块各断路器开关对电力系统的影响，提供低压配电模块辅助教学、低压配电屏柜检修、低压配电柜规范化操作等教学培训内容，其应当包含以下部分。

（1）变压器进线柜：是低压（一般为380 V）电能的来源，连接高压配电及变压器分系统的变压器输出端，监测变压器输出的电能质量，包含电流互感器、隔离开关、断路器等。

（2）低压成套开关设备柜：针对不同负载实现配电控制操作，包含电流互感器、隔离开关、断路器等。

（3）低压无功补偿柜：补偿电力系统无功功率，改善电能质量，主要由电容自动补偿模块、断路器等构成。

（4）岸电箱：为靠泊的舰船提供电能并进行电能计量，包含断路器、岸电连接插头等。

（5）绝缘监测装置：为电力系统提供绝缘监测。

（6）数据采集装置：提供电力系统状态参数，采用各种仪表及测控单元。

8. 变压器进线柜

1）使用环境

应用场合：配电、控制。

执行标准：IEC 60439-1—2005 和 GB/T 7251.1—2023。

环境温度：-5～40 ℃。

环境相对湿度：40 ℃时不超过50%，在较低温度时，允许有较高的相对湿度。

安装地点:室内。

海拔高度:≤2000 m。

柜体尺寸:约2200 mm×800 mm×800 mm(高×宽×深)。

表面处理:高压静电环氧粉末喷涂。

2)机械数据

进出线形式:母线槽。

电缆进出:顶部。

接线形式:柜后。

防护等级:IP33。

功能单元隔离形式:全隔离。

3)水平母线

额定短时耐受电流:50 kA。

额定峰值耐受电流:105 kA。

4)垂直母线

额定短时耐受电流:50 kA。

额定峰值耐受电流:105 kA。

5)接地系统

采用TT。

6)额定电流

最大进出线断路器额定电流:630 A。

7)电气数据

供电电源:三相四线供电;功率为25 kW。

额定绝缘电压:至1000 V。

额定工作电压:至660 V。

额定功率:50 Hz。

额定冲击耐受电压:1 kV。

主电路额定电压:AC380 V/DC220 V。

过电压等级:III。

污染等级:3。

额定电流:400 A。

水平母线额定电流:400 A。

垂直母线额定电流:200 A。

8)主要配置

(1)万能断路器。

概况:NA1系列智能型万能式断路器(以下简称断路器),适用于交流50 Hz,额定电压至660 V(690 V)及以下,额定电流400~6300 A的配电网络中,用来分配电能和保护线路及电源设备免受过载、欠电压、短路、单相接地等故障的危害。断路器具有智能化保护功能,选择性保护精确,能提高供电可靠性,避免不必要的停电,断路器具有开放式通信接口,可实现四遥,以满足自动化系统集中控制的要求。

断路器符合GB/T 14048.2—2020《低压开关设备和控制设备 第2部分:断路器》和IEC 60947-2—2016《低压开关设备和控制设备 第2部分:断路器》等标准。

技术参数如下:
额定工作电压:AC690 V及以下。
安装方式:抽出式。
智能控制器:M型(普通智能型)。
分断能力:80 kA(有效值)。
产品极数:3。
脱扣方式:智能控制器。
产品壳架:2000。
额定电流:630 A。
产品执行标准:IEC 60947-2—2016和GB/T 14048.2—2020。
(2) 电流互感器数量:4。
(3) 交流电压表数量:1。
(4) 交流电流表数量:3。
(5) 三相电压转换开关数量:1。
(6) 分合闸按钮数量:2。
(7) 分合闸状态指示灯数量:3。

9. GCS低压成套开关柜

1) 概述

GCS系列低压抽出式开关柜适用于发电厂、石油、化工、冶金、纺织、高层建筑等行业的配电系统。在大型发电厂、石化系统等自动化程度高,要求与计算机接口的场所,作为三相交流频率为50 Hz或60 Hz,额定工作电压为380 V(400 V,660 V),额定电流为4000 A及以下的发供电系统中的配电、电动机集中控制、无功功率补偿使用的低压成套配电装置。

图2-6为GCS低压成套开关柜的实物图。

2) 性能指标

GCS系列低压抽出式开关柜的设计符合下列标准:IEC 439-1《低压成套开关设备和控制设备》、GB 7251.1—2005《低压成套开关设备》、JB/T 9661—1999《低压抽出式成套开关设备》。

图 2-6　GCS 低压成套开关柜

3) 使用环境

户内安装,使用地点的海拔高度不高于 2000 m。

周围环境温度不低于 −5 ℃,不高于 40 ℃,室内的平均温度不高于 35 ℃。

周围空气相对湿度在高温如 40 ℃ 时不超过 50%,在较低温度时允许有较大的相对湿度(如 20 ℃ 时为 90%),应考虑到由于温度的变化可能会偶然产生凝露的影响。

安装地点应通风良好,无易燃、易爆气体,无导电性尘埃存在。

装置应安装在无剧烈震动和冲击以及不足以使电器元件受到不应有的腐蚀的场所。

设备安装时与垂直面的倾斜度不超过 5°。

4) 主结构

主构架采用 8MF 型开口型钢,型钢的两侧面分别有模数为 20 mm、100 mm、9.2 mm 的安装孔,内部安装灵活方便。

主构架装配形式分为全组装式结构和部分(侧框和横梁)焊接式结构,用户根据情况进行选择。

装置的各功能室相互隔离,其隔室分为功能单元室、母线室和电缆室,各室的作用相对独立。

水平主母线采用柜后平置式排列方式,以增强母线抗电动力的能力,是使装置的主电路具备高短路强度能力的基本措施。

电缆隔室的设计使电缆上下进出均十分方便。

5) 功能单元

抽屉层高的模数为 160 mm,分为 1/2 单元、1 单元、3/2 单元、2 单元、3 单元五个尺寸系列,单元回路额定电流为 400 A 及以下。

抽屉改变仅在高度尺寸上变化,其宽度、深度尺寸不变。相同功能单元的抽屉具有良好的互换性。

每台 MCC 柜最多能安装 11 对 1 单元的抽屉或 22 对 1/2 单元的抽屉,其中 1 单元以上抽屉采用多功能后板。

抽屉进出线根据电流大小采用不同片数的同一规格片式结构的插件。

1/2 单元抽屉与电缆室的转接采用背板式结构 ZJ-2 型转接件。

单元抽屉与电缆室的转接按电流分档采用相同尺寸的棒式或管式 ZJ-1 型接件。

抽屉单元设有机械联锁装置。

6) 电器元件的选择

主要电器元件的选用原则立足于引进技术,国内能成系列批量生产且能满足装置高性能的要求。

电源及馈线单元断路器主选 CDW1 系列,也可选用其他性能更好的 Schneider 公司生产的 M 系列、ABB 公司生产的 F 系列。CDW1 型断路器具有性能好、结构紧凑、重量较轻、系列性强的特点,而且价格相对较低,维护使用方便,各项性能指标能满足本装置的要求。

抽屉单元(电动机控制单元、部分馈电单元)断路器主选 CM1、CDM1、TG、TM30 系列塑壳断路器,部分选用 MOELLER 公司生产的 NZM-100A 系列。这些开关性能好,具有结构紧凑、短飞弧或无飞弧、技术经济指标高的特点,能满足本装置的要求。

隔离开关及熔断器式隔离开关选 HH15 系列。该系列可靠性高、分断能力强,并可以机械联锁。

熔断器主选 NT 系列。

7) 装置特点

提高转接件的热容量,能较大幅度地降低由于转接件的温升给插件、电缆头、间隔板带来的附加温升。

功能单元之间、隔室之间的分隔清晰、可靠,不因某一单元的故障而影响其他单元工作,使故障局限在小范围内。

母线平置式排列使装置的动、热稳定性好,能承受 80~176 kA 短路电流的冲击。

MCC 柜单柜的回路数量多到 22 个,充分考虑大单机容量发电、石化系统等行业自动化电动门(机)群的需要。

装置与外部电缆的连接在电缆隔室中完成,电缆可以上下进出。电流互感器装置于电缆隔室内,使安装维修方便。

同一电源配电系统,可以通过限流电抗器匹配限制短路电流,稳定母线电压在一定的数值,还可部分降低对元器件短路强度的要求。

抽屉单元有足够数量的二次插接件(1 单元及以上为 32 对,1/2 单元为 20 对),可满足计算机接口和自控回路对接点数量的要求。

10. 低压无功补偿装置柜

1) 使用环境

环境温度:−25～55 ℃。

空气相对湿度:温度为 25 ℃时,相对湿度短时可达 100％。

海拔高度:≤2000 m。

不适于安装在剧烈震动、冲击、腐蚀、合谐波过大的场所。

2) 技术参数

供电电源:三相五线供电。

功率:3 kW。

额定电压:380 V。

额定频率:50 Hz。

工作电压允许偏移:−20％～20％。

额定输入电压模拟量:AC220 V/DC380 V、50 Hz。

额定输入电流模拟量:5 A、50 Hz。

控制物理量:无功功率。

柜体尺寸:约 2200 mm×800 mm×800 mm(高×宽×深)。

3) 主要配置

刀熔开关数量:1。

微型断路器数量:6。

切换电容器数量:6。

热继电器数量:6。

交流电流表数量:3。

电流互感器数量:3。

模拟电容器组数量:1。

放电指示灯数量:12。

自动无功补偿装置数量:1。

功率因数表数量:1。

转换开关数量:2。

4) 实训项目

(1) 自动无功功率补偿实验;

(2) 手动无功功率补偿实验；
(3) 无功补偿装置参数整定实验；
(4) 电压无功控制实验。

11. 岸电箱

岸电箱实物图如图 2-7 所示，它一般有如下的配置。

(1) 岸电箱内应设有能切断所有绝缘极（相）的断路器，或开关加熔断器进行过载和短路保护。

(2) 指示端电压的指示灯或电表。

(3) 用于连接软电缆的合适接线端子。

(4) 对岸电为中性点接地的交流三相系统，应设有接地接线柱。

(5) 检视岸电极性（直流时）和相对配电系统的相序（相交流时）是否相符的设施。

(6) 标明电系统的配电系统的形式、额定电压和频率（对于交流）的铭牌。

 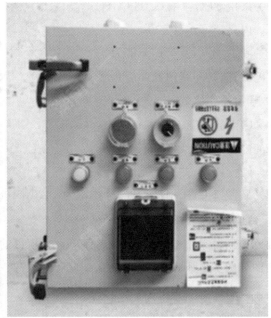

图 2-7 岸电箱

2.2 教控平台构成

教控平台由仿真服务器、教控计算机、学员操作终端、台体及附属设备组成，主要承担培训过程控制和数学模型的实时计算两大任务。

教控平台主要用到的设备配置如下。

1. 仿真服务器

(1) 型号:塔式服务器至强 E-2224G 四核处理器。

(2) 内存:4 个 DDR4 DIMM 插槽支持 UDIMM 16 G 内存。

(3) 硬盘:3 个 3.5 英寸硬盘位 2 * 1TSATA 硬盘/RAID1。

(4) 芯片组:Intel C246。

(5) RAID 控制:软件 RAID/硬件 PERC H330/H730/H730P。

(6) 扩展槽:4 个 PCIe 3.0 插槽。

(7) 远程管理:嵌入式/服务器级。

(8) 网卡:单千兆网卡。

(9) 机箱:5U 塔式。

(10) 电源:300 W 有线电源。

2. 教控计算机

(1) 采用 CPU:4 核 1.866 GHz。

(2) 内存:8 G。

(3) 硬盘:2 T,并有扩充能力。

(4) 显存:2 G,采用液晶屏,分辨率为 1920×1080。

3. 学员操作终端

(1) CPU:4 核 1.866 GHz。

(2) 内存:8 G。

(3) 硬盘:2 T,并有扩充能力。

(4) 显存:2 G,采用液晶屏,分辨率为 1920×1080。

4. 台体及附属设备

教练控制台采用钢琴式结构,为保障教学模拟的便利性,其台型结合讲台进行设计,其结构图如图 2-8 所示,实物图如图 2-9 所示。

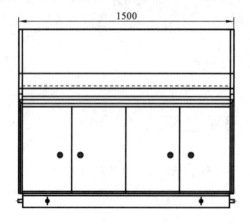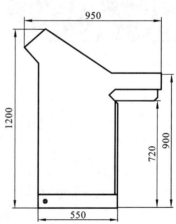

图 2-8 教练控制台结构图

图 2-9　教练控制台

(1) 电源和功率：AC220 V、50 Hz、500 W。

(2) 外形尺寸：深 950 mm(不含吊装件、扶手)，宽 1500 mm，高 1200 mm。

(3) 信息传输接口形式：以太网，支持 TCP/IP 协议。

另外，电力系统仿真机满足以下指标。

(1) 带 100 M 以太网接口。

(2) 带 USB 2.0 等串口接口。

(3) 带 VGA 接口。

(4) 带 DVD 读写光驱。

(5) CPU 主频：4 核 1.866 GHz。

(6) 内存：8 G。

(7) 磁盘容量：2 T。

(8) 输入电源：AC220 V。

中高压电力设备故障模拟发生装置具有以下指标：

(1) 支持串口/CAN 口/以太网接口一种或以上；

(2) 接口支持各通信口标准协议。

中高压电力设备虚拟培训平台教控分系统主要用于完成模拟培训系统管理、检测和监视，以及向受训人员下达变电站操控培训任务。其主要功能如下。

(1) 系统自检：当系统启动时，根据需要由教练台向模拟培训系统各组成部分发出自检指令，各部分自检完成后，回送自检完成信号，并将自检结果显示在教练台的显示屏和硬件盘台上。

(2) 教案管理：教练员可以在教练台上人为设置故障，以考核系统和参训人员处理故障的能力。在教练台上，教练员还可以人为地增加或减小负载，以观察整个中高压电力设备系统负载能力。

（3）模拟仿真监控：包括对高压配电板、低压配电板的检测和监视，以及对变压器运行的检测和监视。

2.3　软件系统构成

1．控制仿真软件

1）设备远程控制

设备远程控制包括控制仿真系统软件的一键启动、一键关闭，学员机器的远程开机、关机、重启，系统文件或课件的更新和下载等。

通过构建独立的系统监视进程，对用户的点击操作和操作对象名称进行记录并保存到数据，主要操作包括登录、上传、添加、修改等。

通过对数据库备份、上传等操作实现数据库的更新与维护，并保存新的数据库，主要操作包括查询、上传等。

针对补给教学资源数据库，提供新增、删除、修改、查看等功能，通过持续地完善、补充相关补给示教知识，满足补给教学的需要。

资源管理中心：显示已上传的资源信息，可进行增、删、改、查等操作。

知识管理内容核心是基础理论知识库的建设，可以实现基础理论知识的上传、浏览等功能，支持多种格式并预留接口。

课件管理部分为教师教学课件的管理窗口，可以实现课件的简单编辑、上传、删除等功能。

2）培训模式配置

用户可以根据培训需求及现场配置灵活地选择培训的模式，主要包括单机培训模式和多机联合培训模式。

3）通信功能

系统具有及时通信功能，可以根据需要发送及时消息或提示信息给全部学员或特定学员。

2．培训管理软件系统

仿真系统的培训功能是通过教练员台实现的。人机界面要求形象且具有更多层次多重并发功能，扩大教练员的操作能力和思考的视野，提高仿真机的功能水平，充分利用和发挥仿真系统的培训能力。教练员台把对学员的培训建立在最新计算机技术的应用之上，是拥有功能丰富、控制灵活、操作方便、评价科学、图文并茂等一系列特点的理想仿真培训控制界面工具。

（1）运行/冻结：任意时刻开始和暂停仿真。

（2）工况快存：随时存储当前运行方式。

(3) 工况选择:随时调取预存的运行方式。

(4) 故障控制:随时发送和取消预定义独立和组合故障。

(5) 操作记录:对学员所有操作进行记录,以作为评分依据。

(6) 教案管理:管理预设教案。

(7) 五防闭锁:对五防锁功能进行投退。

(8) 记录评分:对学员操作记录进行评分。

(9) 操作重演:利用学员操作记录进行操作重演。

(10) 权限分级:同级权限教练台可同时启动,高级权限教练台启动后,低级权限教练台自动退出。

图 2-10 为仿真培训软件中的课件编辑器主界面。下面分别对仿真培训管理软件的功能进行介绍。

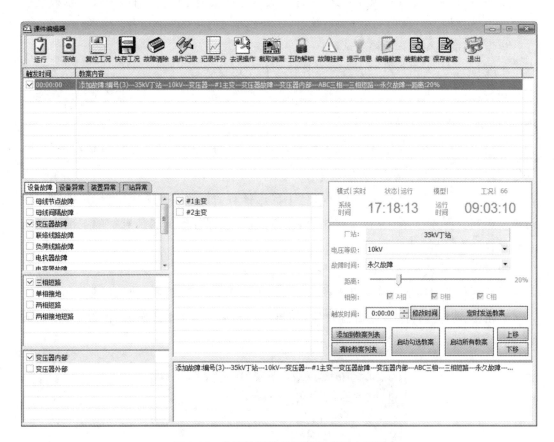

图 2-10 仿真培训软件课件编辑器主界面

1) 模型操作

模型的冻结,运行,加、减速,回溯和重演。

课件编辑器主界面左上方为课件编辑器信息栏,如图 2-11 所示。

图 2-11 课件编辑器信息栏

课件编辑器信息是通过实时数据分中心从模型运算服务器上获得,它表示目前模型运算服务器的状态信息。

左边区域时间显示的为本地系统时间;右边区域时间显示的为模型运行时间;中间区域显示的是模型状态信息。

模式:实时表示当前模型实时运行,单步表示当前模型在单步执行状态。

状态:运行表示当前模型正在运行,冻结表示当前模型被暂停运行,失败表示模型遇到异常退出运行。

模型:当前正在运行的模型名称。

工况:1~99,为用户设置的各个具体模型初始运行状态。

运行:点击工具栏 图标对模型运算服务器发出运行模型指令,指令成功,在课件编辑器信息栏的状态中显示运行。

冻结:点击工具栏 图标对模型运算服务器发出暂停运行模型指令,指令成功,在课件编辑器信息栏的状态中显示冻结。

复位工况:点击工具栏 图标弹出"工况选择对话框",选择对应工况,按确定按钮对模型运算。服务器发出复位工况指令,指令成功,在课件编辑器信息栏的工况中显示正被选择的工况号。

2) 初始条件设置、存取

运行课件编辑器前请确认已被授权并且实时数据分中心已经启动且正常运行。

双击 图标运行课件编辑器软件,如果授权为管理员权限,弹出"权限选择"对话框,如图 2-12 所示。

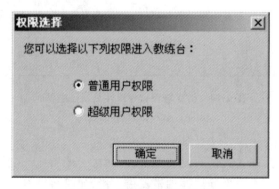

图 2-12 "权限选择"对话框

若权限低且模型中已存在用户权限,则不能进入课件编辑器。软件启动完毕进入全屏主界面,如图 2-13 所示。

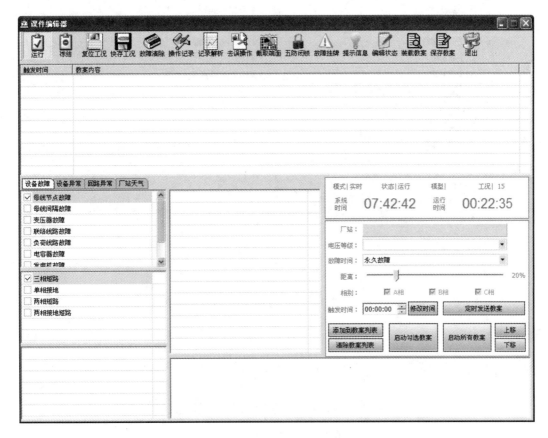

图 2-13　课件编辑器主界面

3) 记录瞬时状态

抽点,记录系统某一时刻的瞬时状态。

在课件编辑器上点击工具栏按钮 ![icon],根据配置从 SCADA 系统中读取当前数据端面。

4) 故障设置

可设置、编辑、删改故障库,投入和解除单个或成组故障,在课件编辑器中选择故障类型、故障设备、故障名称,如图 2-14 所示。

选择故障时间、故障距离、故障相别,如图 2-15 所示。

点击"添加到教案列表"按钮,添加故障信息,如图 2-16 所示。

点击"清除教案列表"按钮,清除设置故障信息,点击"启动所有故障"按钮,将故障列表中所有故障发送到数据模型,选择故障列表中的项,点击"启动选择故障"按钮,将选择故障信息按顺序发送到数据模型。

在故障列表中选择单个故障信息,点击"上移"和"下移"按钮,改变故障信息在故障

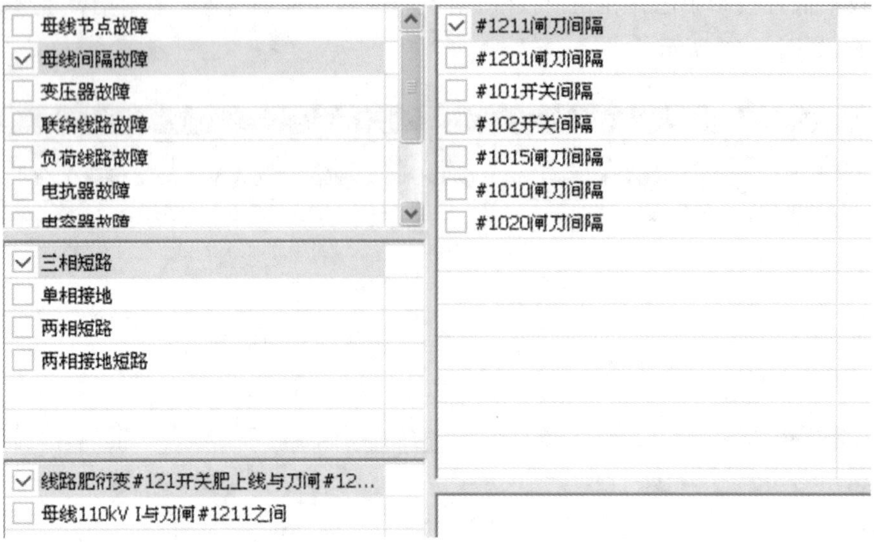

图 2-14　故障设置示例-1

图 2-15　故障设置示例-2

图 2-16　添加故障信息示例

列表中的位置。

在故障列表中选择单个故障信息,单击鼠标右键,在弹出的右键菜单中选择"删除单个故障"子菜单能删除被选择的故障信息,选择"发送单个故障"子菜单向数据模型运算服务器发送被选择的单个故障。

5) 监视控制

对培训过程进行全程监视记录,对仿真速度进行全局或局部控制。可以远程控制学员设备进行设备管理,如远程关机、重启、权限控制等功能。图 2-17 中框出的为监视控制菜单项。

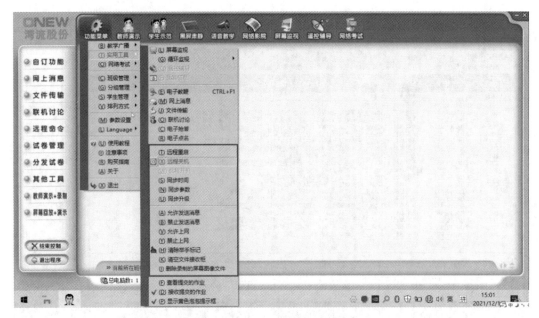

图 2-17　远程控制菜单项

6) 成绩评定

对培训成绩的评定在课件编辑器上点击工具栏上的"记录解析"按钮,调用记录解析应用程序,对产生的操作记录自动取回、备份、解析,并打印成操作记录提供给教练员评分。

在课件编辑器上点击"记录解析"按钮会启动评分系统,此时系统可以根据配置文件自动从目标机器上取回记录编码文件并对其进行解析。程序启动时弹出"用户选择"对话框,如图 2-18 所示。

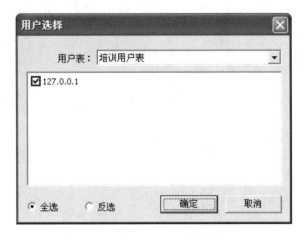

图 2-18　"用户选择"对话框

选择用户表和将要解析的 IP 地址，程序将自动解析所选目标机器上的记录编码文件并保存备份，如图 2-19 所示。

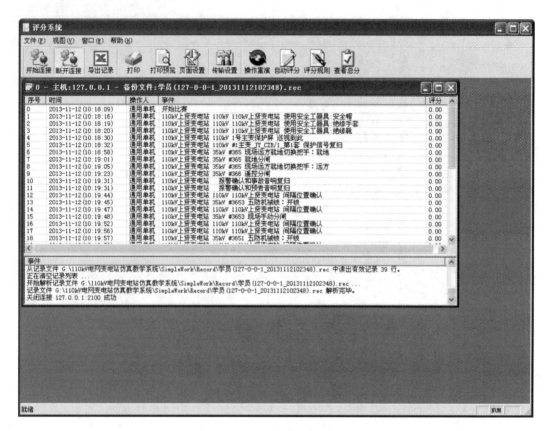

图 2-19　记录编码文件

第二部分

纯软件仿真模式实验指导

第3章 变电站异常与事故处理

事故处理是指在发生危及人身、电网及设备安全的紧急状况或发生电网和设备事故时,迅速解救人员、隔离故障设备、调整运行方式,以便迅速恢复正常运行的操作过程。

3.1 事故处理的基本原则

变电站发生事故时,主要采取以下原则进行处理。
(1)迅速限制事故的发展,消除事故的根源,解除对人身和设备的威胁。
(2)用一切可能的方法,保持运行设备继续运行,并将故障设备迅速隔离,优先保证重要用户的供电。
(3)尽一切可能保持或立即恢复站用电及重要线路的供电。
(4)尽快对已停电的线路、用户恢复供电。

3.2 事故处理的一般程序

当变电站发生事故时,通常按以下程序进行处理。
(1)检查监控电脑、控制屏、保护屏、中央信号屏、录波装置、一次设备的情况。
(2)将检查情况汇报。
(3)根据反映的事故信息及设备外部现象特征正确分析和判断事故产生的原因。
(4)值班调度员按指令对故障设备进行隔离,恢复对无故障的设备供电。如果站用电消失时应首先恢复站用电,如发生在晚上时,则应优先供上照明用电。

(5) 对故障设备做好安全措施。

3.3 事故处理的一般步骤

1. 检查、记录、汇报

(1) 立即记录事故发生时间。

(2) 检查开关情况(红绿灯是否闪光,开关是否跳闸,注意不得马上将开关复位)。

(3) 检查相应开关的表计情况(三相有无电流,各级母线(含站用电)有无电压)。

(4) 检查并记录光字牌信号。

(5) 简明扼要地汇报调度事故情况(事故发生的时间、地点、当时当地天气,跳闸的开关、开关、线路和母线有无电压、过负荷等状况)。

(6) 详细检查保护装置信号、压板、空气开关、转换开关及按钮(认清报警信号的性质:是事故还是异常。检查监控电脑、控制屏、线路或主变保护屏、母线保护屏、故障录波等),并做好记录。

(7) 打印保护动作报告及故障录波。

(8) 详细检查一次设备情况。

(9) 根据现场设备检查及保护、自动装置动作情况判断故障的性质。

(10) 向调度者汇报详细的检查情况。

(11) 确认保护屏上的动作信号后,复归保护信号。

(12) 复归把手。

2. 隔离故障点

(1) 检查保护范围内的设备,将已损坏的设备进行隔离,例如:

① 对人身有威胁的设备停电;

② 运行中的设备有受损坏的威胁时,将其隔离或停用;

③ 对已损坏的设备隔离;

④ 站用电全部或部分停电时,恢复其电源。

(2) 故障的PT电压互感器应停电后再进行操作,对拒动的开关也应在设备停电的情况下拉开其两侧刀闸。

(3) 详细汇报事故处理情况。

3. 对非故障设备送电

(1) 根据事故处理原则,可自行对事故进行处理,进行必要的倒闸操作,可不用填写操作票,但必须执行监护制度。除可自行操作的项目外,所有的操作必须经调度者的同意。

注意:合开关应考虑同期;母线、旁母充电应考虑保护;中性点切换应考虑保护;考虑定值区切换、重合闸方式改变等。

（2）汇报处理后的变电站运行方式及处理结果。

3.4　事故处理时的注意事项

处理变电站事故时，应注意以下几点。

（1）先保证完好设备的正常运行，再进行其他处理。

（2）先确认故障点完全隔离后再送电，严防再次发生事故。

（3）跳过闸的开关，必须检查开关机构、本体是否完好。

（4）重合成功的开关也必须检查。

（5）保护范围内设备要检查完整，防止二次设备出现故障。

（6）保护动作出口开关跳闸后，不管开关是否重合成功，应立即对开关及间隔进行仔细检查。

3.5　向调度汇报的内容

1. 第一次初步汇报调度的内容

（1）事故发生的时间。

（2）跳闸的开关。

（3）线路和母线有无电压、有无过负荷情况。

（4）天气情况。

2. 第二次详细汇报调度的内容

（1）保护动作情况，应说明什么设备的什么保护（名称）动作，哪一段动作，重合闸是否动作，重合是否成功。

（2）说清事故的主要征象：有无放电、闪络痕迹，有无接地短路、断路，充油设备有无喷油、漏油，充气设备有无漏气，设备有无损坏，有无过载，系统是否振荡，功率、电流、电压的变化情况等。

3.6　记录的内容

记录的内容包括以下几点。

（1）监控后台机的信息。

（2）控制屏的信息（开关位置、表计、光字牌等）、中央信号屏的光字牌。

（3）保护及自动装置的面板信号灯、液晶屏幕显示内容。

（4）打印和检查保护的录波情况。

记录要详细，具体说明保护屏的名称、保护装置的名称、保护及自动装置的信号灯颜色和符号、显示内容等，详细记录在运行记录本上。

实验一　10 kV 侧线路三相故障事故处理

一、实验目的

(1) 熟悉并掌握岸电 10 kV 侧线路三相故障导致的事故现象及处理方式。
(2) 熟悉并掌握线路保护的工作原理。
(3) 熟悉并掌握自动重合闸的作用。
(4) 熟悉并掌握备用电源自投入的作用。
(5) 了解并熟悉分析故障、隔离故障、恢复供电的全过程操作。

二、实验原理

1. 过程描述

10 kV 线路发生三相短路永久故障→线路电源侧保护动作开关跳闸→重合闸动作重合不成功→本站备自投动作跳开故障线路开关→投入备用电源开关→汇报、处理。

2. 三段式电流保护

三段式电流保护反映相间短路故障，Ⅰ、Ⅱ段是主保护，Ⅲ段是后备保护。

电流保护的保护范围随系统运行方式的变化而变化，在某些运行方式下，电流速断或带时限电流速断保护的保护范围很小，电流速断甚至没有保护区，不能满足电力系统稳定对快速切除故障的要求。

1) 速断Ⅰ段保护（即过流一段）

瞬时电流速断保护即速断Ⅰ段保护，动作电流按大于本线路末端短路时流过的最大短路电流来整定，并且不带时限的电流保护称为瞬时电流速断保护。由于它不反映下一线路的故障，它的动作时间不受下一线路保护时限的限制。在最大运行方式下，它的保护范围达到线路全长的 50%，在最小运行方式下，它的保护范围是线路全长的 15%～20%。

2) 速断Ⅱ段保护（即过流二段）

限时电流速断保护即速断Ⅱ段保护，动作电流按下一线路瞬时电流速断的动作电流来整定，它能保护本线路全长及下一线路的一部分，其动作时限比下一线路的Ⅰ段保护长，时间级差为 0.5 s。

3) 过流保护（即过流三段）

动作电流按躲过该线路的最大负荷电流来整定，它能保护线路的全长甚至下一条线路，既是本线路的近后备又是下一线路的远后备。

3. 重合闸

重合闸是将因故障跳开后的开关按需要自动投入的一种自动装置。对双侧电源的线路,重合闸需要考虑检定无压或检定同期。

4. 备自投

由于对供电可靠性要求越来越高,已具备两回线及以上的多回路供电线路,再安装备用进线自动投入装置来提高可靠性。备用进线自动投入装置简称备自投。

1) 分段或桥开关备自投动作原理

一次系统接线示意图如图 3-1 所示。

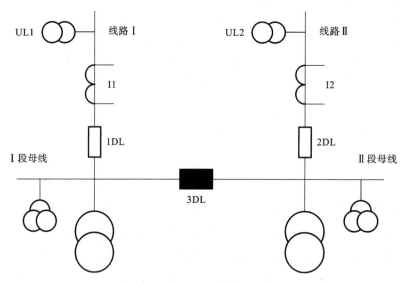

图 3-1 一次系统接线示意图

2) 备投逻辑

Ⅰ段母线失电,跳开 1DL;在Ⅱ段母线有压的情况下,合 3DL;Ⅱ段母线失电,跳开 2DL;在Ⅰ段母线有压的情况下,合 3DL;1DL 或 2DL 误跳时,合 3DL 保证正常供电。为防止母线失压时备自投误动,取线路电流作为母线失压的闭锁判据。变压器保护动作时闭锁备自投。

三、实验任务

10 kV 岸电变电站 10 kV 口岸 111 线联络线路三相短路永久故障(20%)的检测、判断和处理。

四、实验内容

(1) 右键点击主控面板,在下拉菜单中选择【一键启动】选项,启动仿真系统后台服务程序。

（2）在主控面板上双击打开【综自监控】软件。

（3）在主控面板上双击打开【教练台（课件编辑器）】软件，依次点击【冻结】、【复位工况（15号）】、【运行】按钮，调取15号正常运行方式；点击【操作记录】按钮，开始记录操作内容。

（4）在教练台中设置故障，右侧厂站选择【10 kV 岸电变电站】，电压等级选择【10 kV】，故障时间选择【永久故障】。左侧首先选择【设备故障】、【联络线路故障】、【三相短路】，然后选择【口岸111线】；再在下方单击【添加到教案列表】。

最后，单击【启动勾选教案】按钮，先发送异常，再发送故障，发送成功会显示在教练台下部的显示框中。以上操作显示界面如图3-2所示。

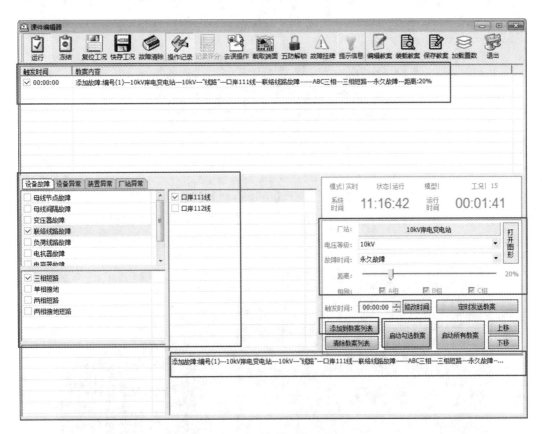

图 3-2 操作显示界面

（5）切换至【综自监控】软件，查看事故现象，主界面上111、100开关位置指示闪烁，故障线路有功功率、无功功率、电流等指示为零，非故障线路指示正常；查看弹出的实时报警信息，如图3-3所示；右键点击空白处，在DTS辅助功能中选择【汇报调度】。

（6）在主控面板上双击打开【三维场景】软件，进入三维场景后，单击左上角的菜单按钮，或者按【M】键打开菜单选择【地图导航】，导航到10 kV 岸电站位置，如图3-4所示。

图 3-3 报警窗口

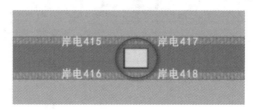

图 3-4 导航到 10 kV 岸电站位置

（7）进入开关室后移动视角，依次选择【绝缘手套】、【绝缘靴】、【安全帽】等操作所需的安全工器具；在自动弹出的【工器具包】中，单击【绝缘手套】，然后选择【检查】，确认完好后选择【穿戴】，如图 3-5 所示。按照同样方法，可检查并穿戴【绝缘靴】和【安全帽】。

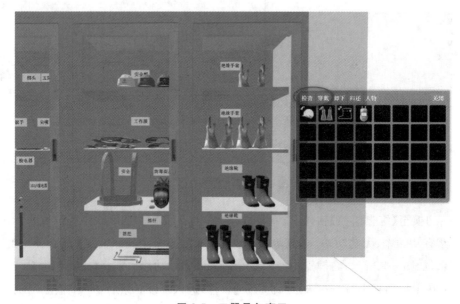

图 3-5 工器具包窗口

(8) 根据事故现象和现场巡视检查,可以判断为:10 kV 口岸 111 线发生故障,备自投装置动作。

(9) 事故处理:根据调度指令,切换至【三维场景】软件,拿取紧急钥匙,将 111 间隔转到冷备用状态,101 间隔转到热备用,等待供电单位排除线路故障。

(10) 切换至【综自监控】,右键点击空白处,在 DTS 辅助功能中选择【汇报调度】,待故障排除后再根据调度指令恢复正常运行方式供电。

(11) 返回【三维场景】,打开安全工器具栏,选择相应安全工器具,依次单击【卸下】、【归还】,归还安全工器具;事故处理任务结束。

(12) 切换至【教练台(课件编辑器)】软件,点击【操作记录】按钮,结束记录操作内容;点击【记录评分】按钮,查看并导出记录内容。

五、实验报告

(1) 根据实验内容将故障现象及处理过程记录在表 3-1 中。

表 3-1 故障现象及处理过程

项目名称				故障现象		
故障时间			年　　月　　日　　时　　分　　秒			
综自系统						
潮流	故障前	P　Q　I				
	故障时	P　Q　I				
	故障后	P　Q　I				
保护屏						
三维场景						
处理过程						

(2) 将实验内容的记录导出为 Excel 表格存档。

实验二　10 kV 侧母线三相短路永久故障事故处理

一、实验目的

(1) 熟悉并掌握 10 kV 侧母线故障导致的事故现象及处理方式。
(2) 了解并熟悉分析故障、隔离故障、恢复供电的全过程操作。

二、实验原理

(1) 过程描述：10 kV 侧母线发生三相短路永久故障→本站线路保护动作开关跳闸→重合闸动作重合不成功→本站 400 V 主变低压侧备自投跳开主变低压侧开关→投入备用联络开关→由♯2 主变带全站运行→汇报、处理。

(2) 本站 10 kV 侧母线采用单母线分段接线，未配置母线保护，母线故障时由本站线路保护跳闸。

(3) 三段式过电流保护：装置设Ⅰ、Ⅱ、Ⅲ段带低压闭锁的电流方向保护，各段电流及时间定值可独立整定，通过分别设置整定控制字控制这三段保护的电压元件、方向元件的投退。

三、实验任务

10 kV 岸电变电站 10 kV Ⅰ段侧母线三相短路永久故障的检测、判断和处理。

四、实验内容

(1) 右键点击主控面板，在下拉菜单中选择【一键启动】选项，启动仿真系统后台服务程序。

(2) 在主控面板上双击打开【综自监控】软件。

(3) 在主控面板上双击打开【教练台(课件编辑器)】软件，依次点击【冻结】、【复位工况(15 号)】、【运行】按钮，调取 15 号正常运行方式；点击【操作记录】按钮，开始记录操作内容。

(4) 在教练台中设置故障，右侧厂站选择【10 kV 岸电变电站】，电压等级选择【10 kV】，故障时间选择【永久故障】。左侧首先选择【设备故障】、【母线节点故障】、【三相短路】，然后选择【10 kV Ⅰ母】；再在下方单击【添加到教案列表】。

最后，单击【启动勾选教案】按钮，先发送异常，再发送故障；发送成功会显示在教练台下部的显示框中。以上操作显示界面如图3-6所示。

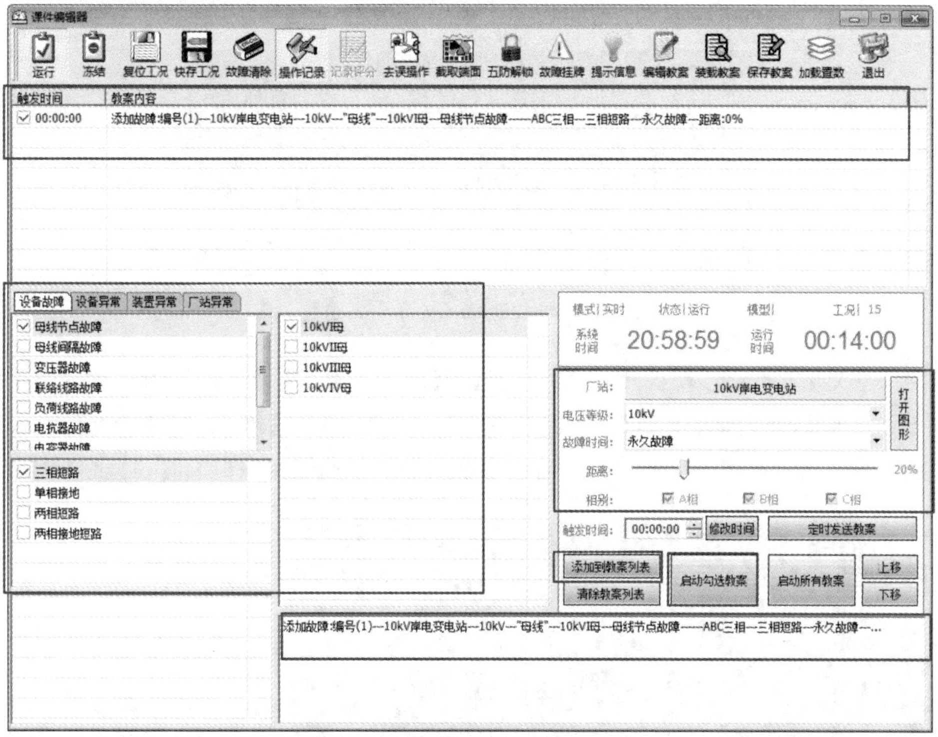

图3-6 操作显示界面

（5）切换至【综自监控】软件,查看事故现象,主界面上111、401、400开关位置指示闪烁,111、401有功功率、无功功率、电流等指示为零,10 kV I 段母线电压为零;查看弹出的实时报警信息,如图3-7所示;右键点击空白处,在DTS辅助功能中选择【汇报调度】。

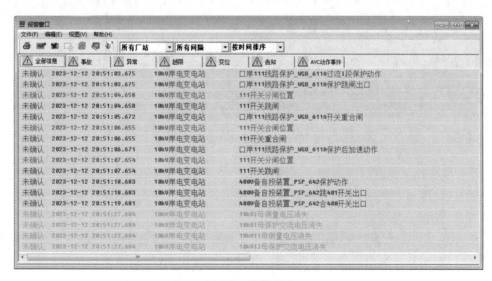

图3-7 报警窗口

（6）在主控面板上双击打开【三维场景】软件，进入三维场景后，单击左上角的菜单按钮，或者按【M】键打开菜单选择【地图导航】，导航到 10 kV 岸电站位置，如图 3-8 所示。

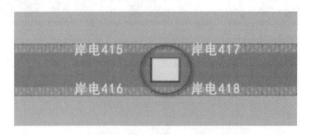

图 3-8　导航到 10 kV 岸电站位置

（7）进入开关室后移动视角，依次单击选择【绝缘手套】、【绝缘靴】、【安全帽】等操作所需的安全工器具；在自动弹出的【工器具包】中，单击【绝缘手套】，然后选择【检查】，确认完好后选择【穿戴】，如图 3-9 所示。按照同样的方法，检查并穿戴【绝缘靴】和【安全帽】。

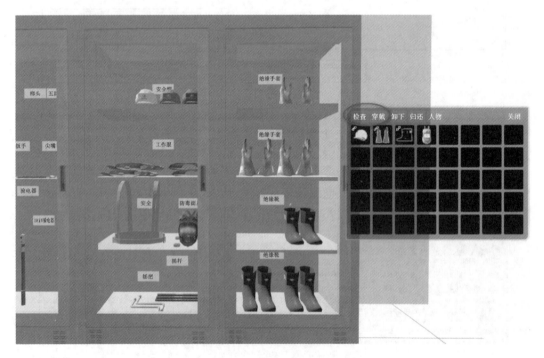

图 3-9　工器具包窗口

（8）移动视角找到【1＃进线 AH1】开关柜，点击保护液晶屏，查看液晶显示【电流Ⅰ段跳闸】、【过流加速跳闸】、【重合闸】和【保护跳闸】，确认后单击下部的【信号复归】按钮，如图 3-10 所示。

（9）根据事故现象和现场巡视检查，可以判断为：10 kV Ⅰ段母线发生三相短路故障，本站线路侧开关跳闸，400V 备自投装置动作，成功隔离故障，自动切至＃2 变压器带 400V Ⅰ段母线运行。

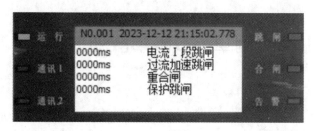 

图 3-10 信号复归操作

（10）事故处理：根据调度指令，切换至【三维场景】软件，拿取紧急钥匙，依次将 101、111、100、1501 间隔转到冷备用状态，在母线上查找故障并排除。

（11）切换至【综自监控】，右键点击空白处，在 DTS 辅助功能中选择【汇报调度】，待故障排除后再根据调度指令恢复母线间隔送电。

（12）返回【三维场景】，打开安全工器具栏，选择相应安全工器具，依次单击【卸下】、【归还】，归还安全工器具；事故处理任务结束。

（13）切换至【教练台（课件编辑器）】软件，点击【操作记录】按钮，结束记录操作内容；点击【记录评分】按钮，查看并导出记录内容。

五、实验报告

（1）根据实验内容将故障现象及处理过程记录在表 3-2 中。

表 3-2 故障现象及处理过程

项目名称				故障现象	
综自系统					
潮流	故障前	P Q I			
	故障时	P Q I			
	故障后	P Q I			
保护屏					
三维场景					
处理过程					

（2）将实验内容的记录导出为 Excel 表格存档。

实验三　10 kV 侧单相故障事故处理

一、实验目的

(1) 熟悉并掌握主变 10 kV 侧单相故障导致的事故现象及处理方式。
(2) 熟悉并掌握不接地系统出现单相接地时的现象。
(3) 了解并熟悉分析故障、隔离故障、恢复供电的全过程操作。

二、实验原理

(1) 过程描述：10 kV 侧发生单相接地永久故障→三相电压指示不平衡,接地相电压降低或为零,其他两相电压升高或为线电压→汇报、处理。

(2) 本站 10 kV 侧母线采用单母线分段接线,未配置母线保护,母线故障时由本站线路保护跳闸。

(3) 三段式过电流保护：装置设Ⅰ、Ⅱ、Ⅲ段带低压闭锁的电流方向保护,各段电流及时间定值可独立整定,通过分别设置整定控制字控制这三段保护的电压元件、方向元件的投退。

三、实验任务

10 kV 岸电变电站 10 kVⅠ段侧单相接地永久故障的检测、判断和处理。

四、实验内容

(1) 右键点击主控面板,在下拉菜单中选择【一键启动】选项,启动仿真系统后台服务程序。

(2) 在主控面板上双击打开【综自监控】软件。

(3) 在主控面板上双击打开【教练台(课件编辑器)】软件,依次点击【冻结】、【复位工况(15号)】、【运行】按钮,调取 15 号正常运行方式;点击【操作记录】按钮,开始记录操作内容。

(4) 在教练台中设置故障,右侧厂站选择【10 kV 岸电变电站】,电压等级选择【10 kV】,故障时间选择【永久故障】。左侧首先选择【设备故障】、【母线节点故障】、【单相接地】,然后选择【10 kVⅠ母】;再在右侧选择相别为【A 相】,点击下方的【添加到教案列表】。

最后,单击【启动勾选教案】按钮,先发送异常,再发送故障;发送成功会显示在教练台下部的显示框中。以上操作显示界面如图 3-11 所示。

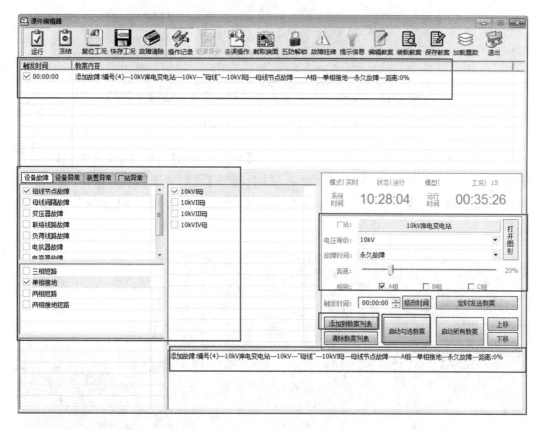

图 3-11　操作显示界面

（5）切换至【综自监控】软件,查看事故现象,主画面上显示 10 kVⅠ母 Ua 电压为 0.00,相应的 Ub 为 10.45,Uc 为 10.45,3U0 为 99.55;查看弹出的实时报警信息,如图 3-12 所示;右键点击空白处,在 DTS 辅助功能中选择【汇报调度】。

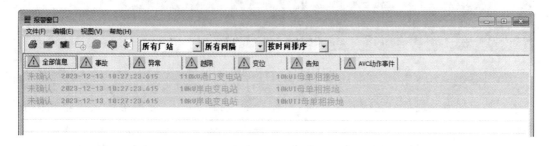

图 3-12　报警窗口

（6）在主控面板上双击打开【三维场景】软件,进入三维场景后,单击左上角的菜单按钮,或者按【M】键打开菜单选择【地图导航】,导航到 10 kV 岸电站位置,如图 3-13 所示。

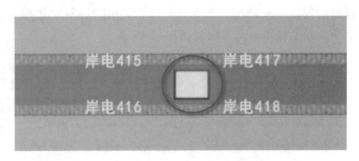

图 3-13　导航到 10 kV 岸电站位置

（7）进入开关室后移动视角，依次单击选择【绝缘手套】、【绝缘靴】、【安全帽】等操作所需的安全工器具；在自动弹出的【工器具包】中，单击【绝缘手套】，然后选择【检查】，确认完好后选择【穿戴】，如图 3-14 所示。按照同样的方法，检查并穿戴【绝缘靴】和【安全帽】。

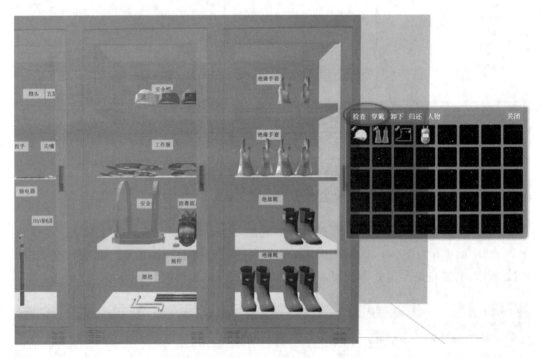

图 3-14　工器具包窗口

（8）根据事故现象和现场巡视检查，可以判断为：10 kV Ⅰ、Ⅱ 段母线发生单相接地故障。

（9）事故处理：根据调度指令，切换至【三维场景】软件，拿取紧急钥匙，合上 400 开关，拉开 401 开关，由 #2 变压器带 400 Ⅴ Ⅰ 段母线运行，依次将 101、111、100、1501 间隔转到冷备用状态，在母线上查找故障并排除。

（10）切换至【综自监控】，右键点击空白处，在 DTS 辅助功能中选择【汇报调度】，待故障排除后再根据调度指令送电。

(11) 返回【三维场景】，打开安全工器具栏，选择相应安全工器具，依次单击【卸下】、【归还】，归还安全工器具；事故处理任务结束。

(12) 切换至【教练台(课件编辑器)】软件，点击【操作记录】按钮，结束记录操作内容；点击【记录评分】按钮，查看并导出记录内容。

五、实验报告

(1) 根据实验内容将故障现象及处理过程记录在表 3-3 中。

表 3-3 故障现象及处理过程

项目名称				故障现象		
故障时间			年 月 日 时 分 秒			
综自系统						
潮流	故障前	P Q I				
	故障时	P Q I				
	故障后	P Q I				
保护屏						
三维场景						
处理过程						

(2) 将实验内容的记录导出为 Excel 表格存档。

实验四　变压器故障事故处理

一、实验目的

（1）熟悉并掌握变压器故障导致的事故现象及处理方式。
（2）了解并熟悉分析故障、隔离故障、恢复供电的全过程操作。

二、实验原理

（1）过程描述：厂用变发生三相短路永久故障→厂用变保护动作跳开主变两侧开关→汇报、处理。
（2）厂用变保护设三段式过电流保护：装置设Ⅰ、Ⅱ、Ⅲ段定时限过电流保护，各段电流及时间定值可独立整定。

三、实验任务

10 kV岸电变电站10 kV#1变压器内部三相故障的检测、判断和处理。

四、实验内容

（1）右键点击主控面板，在下拉菜单中选择【一键启动】选项，启动仿真系统后台服务程序。
（2）在主控面板上双击打开【综自监控】软件。
（3）在主控面板上双击打开【教练台（课件编辑器）】软件，依次点击【冻结】、【复位工况（15号）】、【运行】按钮，调取15号正常运行方式；点击【操作记录】按钮，开始记录操作内容。
（4）在教练台中设置故障，右侧厂站选择【10 kV岸电变电站】，电压等级选择【10 kV】，故障时间选择【永久故障】。左侧首先选择【设备故障】、【变压器故障】、【三相短路】，然后选择【#1主变】、【变压器内部】；再单击下方的【添加到教案列表】。

最后，单击【启动勾选教案】按钮，先发送异常，再发送故障；发送成功会显示在教练台下部的显示框中。以上操作显示界面如图3-15所示。
（5）切换至【综自监控】软件，查看事故现象，主界面上101、401开关位置指示闪烁，相应的有功功率、无功功率、电流等指示为零；查看弹出的实时报警信息，如图3-16所示；右键点击空白处，在DTS辅助功能中选择【汇报调度】。

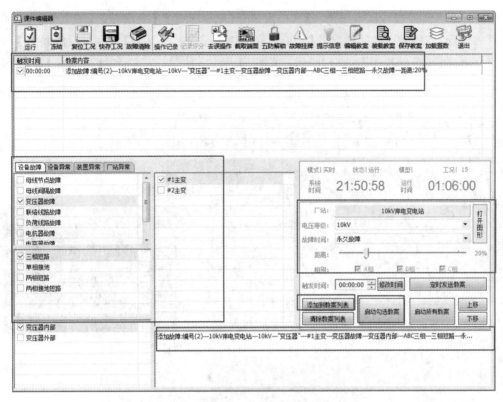

图 3-15 操作显示界面

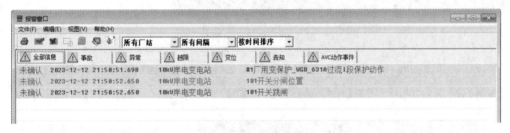

图 3-16 报警窗口

（6）在主控面板上双击打开【三维场景】软件，进入三维场景后，单击左上角的菜单按钮，或者按【M】键打开菜单选择【地图导航】，导航到 10 kV 岸电站位置，如图 3-17 所示。

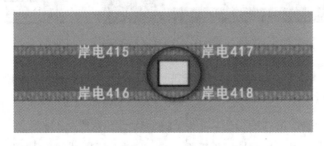

图 3-17 导航到 10 kV 岸电站位置

(7) 进入开关室后移动视角,依次单击选择【绝缘手套】、【绝缘靴】、【安全帽】等操作所需的安全工器具;在自动弹出的【工器具包】中,单击【绝缘手套】,然后选择【检查】,确认完好后选择【穿戴】,如图 3-18 所示。按照同样的方法,检查并穿戴【绝缘靴】和【安全帽】。

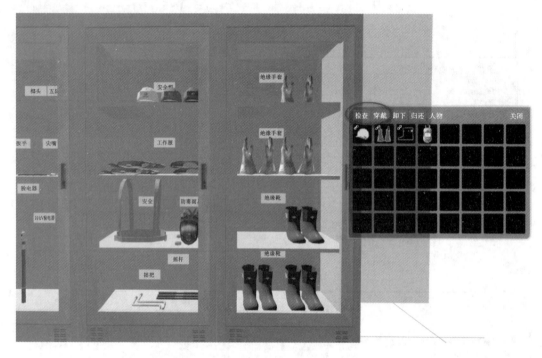

图 3-18 工器具包窗口

(8) 移动视角找到【♯1 出线 AH3】开关柜,点击保护液晶屏,查看液晶显示【电流Ⅰ段跳闸】,确认后单击下部的【信号复归】按钮,如图 3-19 所示。

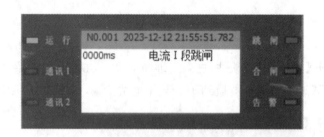 

图 3-19 信号复归操作

(9) 根据事故现象和现场巡视检查,可以判断为:10 kV♯1 变压器内部三相短路故障,厂用变保护动作,跳两侧开关。

(10) 事故处理:根据调度指令,切换至【三维场景】软件,拿取紧急钥匙,依次将 401、101 手车摇到试验位置,合上 10140 接地刀闸,对♯1 变压器进行检修,合上 400 开关由

#2变压器带400Ⅵ段母线运行。

(11)切换至【综自监控】,右键点击空白处,在DTS辅助功能中选择【汇报调度】,待故障排除后再根据调度指令恢复#1主变间隔送电。

(12)返回【三维场景】,打开安全工器具栏,选择相应安全工器具,依次单击【卸下】、【归还】,归还安全工器具;事故处理任务结束。

(13)切换至【教练台(课件编辑器)】软件,点击【操作记录】按钮,结束记录操作内容;点击【记录评分】按钮,查看并导出记录内容。

五、实验报告

(1)根据实验内容将故障现象及处理过程记录在表3-4中。

表3-4 故障现象及处理过程

项目名称				故障现象		
故障时间			年 月 日 时 分 秒			
综自系统						
潮流	故障前	P Q I				
	故障时	P Q I				
	故障后	P Q I				
保护屏						
三维场景						
处理过程						

(2)将实验内容的记录导出为Excel表格存档。

实验五　变压器故障、开关故障处理

一、实验目的

(1) 熟悉并掌握 10 kV 开关拒动的情况下，厂用变故障导致的事故现象及处理方式。
(2) 熟悉并掌握越级跳闸的基本概念。
(3) 了解并熟悉分析故障、隔离故障、恢复供电的全过程操作。

二、实验原理

(1) 过程描述：10 kV 厂用变发生三相短路永久故障→厂用变保护动作跳开主变两侧开关→开关拒动→本站线路保护动作开关跳闸→重合闸动作重合不成功→汇报、处理。

(2) 越级跳闸：当设备发生故障时，线路（或主变）保护或开关因某种原因拒动，从而导致该设备的后备（或上级）保护，以跳开其他相关的电源开关来切除故障点的现象，叫做设备故障越级跳闸。按照拒动的设备，拒动一般分为两类：保护拒动和开关拒动。

三、实验任务

10 kV 岸电变电站 10 kV ♯1 变压器内部三相故障的检测、判断和处理；101 开关控制回路断线的处理。

四、实验内容

(1) 右键点击主控面板，在下拉菜单中选择【一键启动】选项，启动仿真系统后台服务程序。

(2) 在主控面板上双击打开【综自监控】软件。

(3) 在主控面板上双击打开【教练台（课件编辑器）】软件，依次点击【冻结】、【复位工况（15 号）】、【运行】按钮，调取 15 号正常运行方式；点击【操作记录】按钮，开始记录操作内容。

(4) 在教练台中设置故障，右侧厂站选择【10 kV 岸电变电站】，电压等级选择【10 kV】，故障时间选择【永久故障】。左侧首先选择【设备异常】、【开关故障或缺陷】、【控制回路断线】，然后选择【101】；再单击下方的【添加到教案列表】。

然后在左侧选择【设备故障】、【变压器故障】、【三相短路】、【♯1 主变】、【变压器内部】，再单击下方的【添加到教案列表】。

最后,单击【启动勾选教案】按钮,先发送异常,再发送故障;发送成功会显示在教练台下部的显示框中。以上操作显示界面如图 3-20 所示。

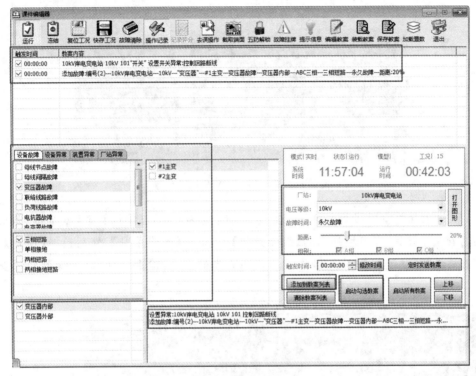

图 3-20　操作显示界面

（5）切换至【综自监控】软件,查看事故现象,主界面上 111、401 开关位置指示闪烁,相应的有功功率、无功功率、电流等指示为零;查看弹出的实时报警信息,如图 3-21 所示;右键点击空白处,在 DTS 辅助功能中选择【汇报调度】。

图 3-21　报警窗口

（6）在主控面板上双击打开【三维场景】软件，进入三维场景后，单击左上角的菜单按钮，或者按【M】键打开菜单选择【地图导航】，导航到 10 kV 岸电站位置，如图 3-22 所示。

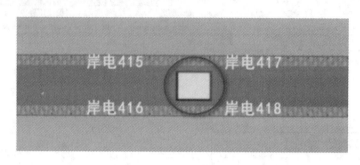

图 3-22　导航到 10 kV 岸电站位置

（7）进入开关室后移动视角，依次单击选择【绝缘手套】、【绝缘靴】、【安全帽】等操作所需的安全工器具；在自动弹出的【工器具包】中，单击【绝缘手套】，然后选择【检查】，确认完好后选择【穿戴】，如图 3-23 所示。按照同样的方法，检查并穿戴【绝缘靴】和【安全帽】。

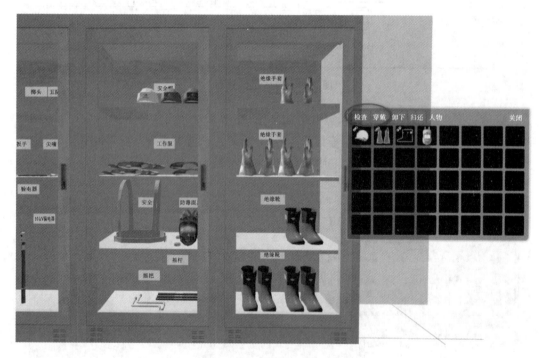

图 3-23　工器具包窗口

（8）移动视角找到【1♯出线 AH3】开关柜，点击保护液晶屏，查看液晶显示【电流Ⅰ段跳闸】，确认后单击下部的【信号复归】按钮，如图 3-24 所示。

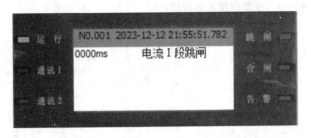 

图 3-24　信号复归操作-1

移动视角找到【1#进线 AH1】开关柜,点击保护液晶屏,查看液晶显示【过流Ⅰ段跳闸】、【过流加速跳闸】、【重合闸】和【保护跳闸】,确认后单击下部的【信号复归】按钮,如图 3-25 所示。

图 3-25　信号复归操作-2

(9) 根据事故现象和现场巡视检查,可以判断为:10 kV #1 变压器内部三相短路故障,厂用变保护动作,跳两侧开关;高压侧开关拒动,启动线路保护动作隔离故障点。

(10) 事故处理:根据调度指令,切换至【三维场景】软件,拿取紧急钥匙,在 101 开关本体位置手动分开关,然后依次将 401、101 手车摇到试验位置,合上 10140 接地刀闸,将 101 开关拉至检修位置,对 #1 变压器及高压侧开关进行检修,最后合上 400 开关由 #2 变压器带 400 Ⅴ Ⅰ 段母线运行。

(11) 切换至【综自监控】,右键点击空白处,在 DTS 辅助功能中选择【汇报调度】,待故障排除后再根据调度指令恢复 #1 主变间隔送电。

(12) 返回【三维场景】,打开安全工器具栏,选择相应安全工器具,依次单击【卸下】、【归还】,归还安全工器具;事故处理任务结束。

(13) 切换至【教练台(课件编辑器)】软件,点击【操作记录】按钮,结束记录操作内容;点击【记录评分】按钮,查看并导出记录内容。

五、实验报告

(1) 根据实验内容将故障现象及处理过程记录在表 3-5 中。

表 3-5 故障现象及处理过程

项目名称				故障现象		
故障时间			年　月　日　时　分　秒			
综自系统						
潮流	故障前	P Q I				
	故障时	P Q I				
	故障后	P Q I				
保护屏						
三维场景						
处理过程						

（2）将实验内容的记录导出为 Excel 表格存档。

实验六　400 V 侧母线三相短路故障事故处理

一、实验目的

(1) 熟悉并掌握 400 V 侧母线故障导致的事故现象及处理方式。
(2) 了解并熟悉分析故障、隔离故障、恢复供电的全过程操作。

二、实验原理

(1) 过程描述：400 V 侧母线发生三相短路永久故障→厂用变保护动作跳开主变两侧开关→汇报、处理。
(2) 本站 400 V 侧母线采用单母分段接线，未配置母线保护，母线故障时由厂用变保护跳闸。
(3) 厂用变保护设三段式过电流保护：装置设Ⅰ、Ⅱ、Ⅲ段定时限过电流保护，各段电流及时间定值可独立整定。

三、实验任务

10 kV 岸电变电站 400 VⅠ侧母线三相短路永久故障的检测、判断和处理。

四、实验内容

(1) 右键点击主控面板，在下拉菜单中选择【一键启动】选项，启动仿真系统后台服务程序。
(2) 在主控面板上双击打开【综自监控】软件。
(3) 在主控面板上双击打开【教练台（课件编辑器）】软件，依次点击【冻结】、【复位工况(15号)】、【运行】按钮，调取 15 号正常运行方式；点击【操作记录】按钮，开始记录操作内容。
(4) 在教练台中设置故障，右侧厂站选择【10 kV 岸电变电站】，电压等级选择【400V】，故障时间选择【永久故障】。左侧首先选择【设备故障】、【母线节点故障】、【三相短路】，然后选择【400 VⅠ母】；再单击下方的【添加到教案列表】。
最后，单击【启动勾选教案】按钮，先发送异常，再发送故障；发送成功会显示在教练台下部的显示框中。以上操作显示界面如图 3-26 所示。

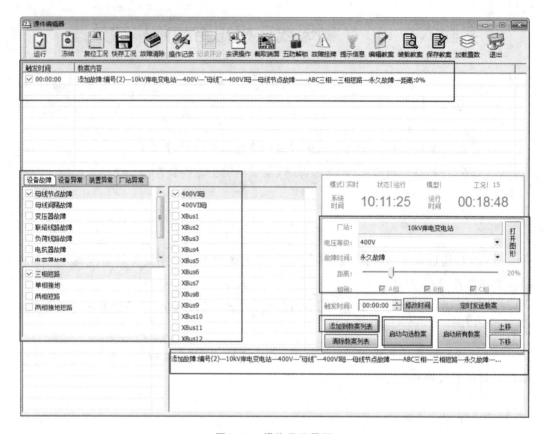

图 3-26 操作显示界面

（5）切换至【综自监控】软件，查看事故现象，主界面上 101、401 开关位置指示闪烁，相应的有功功率、无功功率、电流等指示为零；查看弹出的实时报警信息，如图 3-27 所示；右键点击空白处，在 DTS 辅助功能中选择【汇报调度】。

图 3-27 报警窗口

（6）在主控面板上双击打开【三维场景】软件，进入三维场景后，单击左上角的菜单按钮，或者按【M】键打开菜单选择【地图导航】，导航到 10 kV 岸电站位置，如图 3-28 所示。

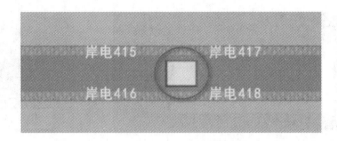

图 3-28　导航到 10 kV 岸电站位置

(7) 进入开关室后移动视角，依次单击选择【绝缘手套】、【绝缘靴】、【安全帽】等操作所需的安全工器具；在自动弹出的【工器具包】中，单击【绝缘手套】，然后选择【检查】，确认完好后选择【穿戴】，如图 3-29 所示。按照同样的方法，检查并穿戴【绝缘靴】和【安全帽】。

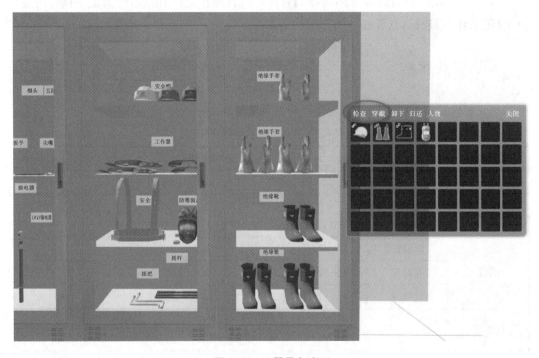

图 3-29　工器具包窗口

(8) 移动视角找到【1♯出线 AH3】开关柜，点击保护液晶屏，查看液晶显示【电流Ⅰ段跳闸】，确认后单击下部的【信号复归】按钮，如图 3-30 所示。

(9) 根据事故现象和现场巡视检查，可以判断为：400 VⅠ段母线发生三相短路故障，厂用变保护动作，跳两侧开关。

(10) 事故处理：根据调度指令，切换至【三维场景】软件，拿取紧急钥匙，首先依次将 413、415、417、419 开关断开，然后拉开 411QS 刀闸，最后依次将 401、101、400 间隔转到冷备用状态，在 400 V 母线上查找故障并排除。

图 3-30　信号复归操作

(11) 切换至【综自监控】,右键点击空白处,在 DTS 辅助功能中选择【汇报调度】,待故障排除后再根据调度指令恢复母线间隔送电。

(12) 返回【三维场景】,打开安全工器具栏,选择相应安全工器具,依次单击【卸下】、【归还】,归还安全工器具;事故处理任务结束。

(13) 切换至【教练台(课件编辑器)】软件,点击【操作记录】按钮,结束记录操作内容;点击【记录评分】按钮,查看并导出记录内容。

五、实验报告

(1) 根据实验内容将故障现象及处理过程记录在表 3-6 中。

表 3-6　故障现象及处理过程

项目名称				故障现象			
故障时间			年	月	日	时	分　秒
综自系统							
潮流	故障前	P　Q　I					
	故障时	P　Q　I					
	故障后	P　Q　I					
保护屏							
三维场景							
处理过程							

(2) 将实验内容的记录导出为 Excel 表格存档。

第4章 变电站倒闸操作

电气设备的状态分为运行状态、热备用状态、冷备用状态和检修状态。所谓倒闸操作就是将电气设备状态转换、一次系统运行方式变更、继电保护定值调整、装置的启停用、二次回路切换、自动装置投切、试验等所进行的操作过程的总称。

倒闸操作的基本要求如下。

(1) 倒闸操作必须严格遵守《电力安全工作规程》《电气操作导则》的有关规定。

(2) 属各级调度管辖设备的倒闸操作,必须有值班调度员的命令;属于站内自行调度的设备,必须有值班负责人的命令。

(3) 倒闸操作前必须了解系统的运行方式、继电保护及自动装置等运行情况,并考虑继电保护及自动装置是否适应新的运行方式的需要。

(4) 电气设备合闸送电前,应收回所有有关的工作票,拆除送电范围内所有接地线和临时安全措施,恢复常设遮拦及标示栏,并将设备网门锁好。

(5) 交接班及高峰负荷时,应尽量避免进行倒闸操作;雷雨天气时,禁止进行设备的倒闸操作。

(6) 倒闸操作前必须使用合格的安全工器具,操作人应对其进行详细的检查。

(7) 倒闸操作前必须根据值班调度员或值班负责人的命令,受令人复诵无误后执行。发布命令应正确、清晰,使用正规的调度术语和设备的双重名称(即设备名称和编号)。

发令人用电话发布命令前,应先与受令人互报姓名。值班调度员发布命令的全过程(包括对方复诵命令),都要录音做好记录;值班员接受命令后,应将发令人姓名、命令内容和时间做好记录。

(8) 停电拉闸操作必须按断路器(开关)—负荷侧隔离开关(刀闸)—母线侧隔离

开关(刀闸)的顺序依次操作;送电合闸操作应按上述相反的顺序进行。严防带负荷拉、合隔离开关(倒闸)。

(9) 开始操作前,应先在模拟图板上进行模拟预演,无误后再进行设备操作。操作前应核对设备名称、编号和位置;操作中应认真执行监护复诵制。发布操作命令和复诵操作命令都应该严肃认真,声音洪亮清晰。

(10) 倒闸操作必须按操作票填写的顺序进行操作。每操作完一项,应在检查无误后画"√"作记号,全部操作完毕后进行全面复查。

(11) 倒闸操作必须由两人进行,其中一人对设备较为熟悉者做监护,特别重要和复杂的操作应由熟悉设备的值班员操作,值班负责人或站长监护。

(12) 操作中发生疑问时,应立即停止操作并向值班负责人或值班调度员报告,弄清问题后再进行操作。不准擅自更改操作票,不准随意解除闭锁装置。

(13) 电气设备停电后,即使是事故停电,在拉开有关隔离开关(刀闸)和做好安全措施前,不得触及设备或进入遮拦,以防突然来电。

(14) 在发生人身触电事故时,为了解救触电人,可以不经许可即可断开有关设备的电源,但操作后必须立即报告上级。

(15) 下列各项操作可以不用填写操作票:
① 事故处理;
② 拉开、合上断路器、二次空气开关或二次回路开关的单一操作;
③ 投上或取下熔断器的单一操作;
④ 投、切保护(或自动装置)的一块连接片或一个转换开关;
⑤ 拉开全厂(站)唯一合上的一组接地开关(不包含变压器中性点接地开关),或拆除全长那个(站)仅有的一组使用的接地线;
⑥ 寻找直流接地或遥测绝缘;
⑦ 变压器、消弧线圈分接头的调整。

实验七　变压器间隔转检修倒闸操作

一、实验目的

(1) 熟悉并掌握变压器间隔由运行转检修倒闸操作。
(2) 了解并熟悉开倒闸操作第一种工作票的过程。
(3) 熟悉并掌握主变间隔操作顺序。
(4) 了解什么是冷备用态。
(5) 熟悉并掌握五防系统的作用。
(6) 了解并熟悉五防系统的功能和定义。

二、实验原理

1. 过程描述

接受调令→开操作票→合分段开关→分两侧开关→分两侧隔离开关→汇报。

2. 五防系统

五防系统是变电站防止误操作的主要设备，确保变电站安全运行，防止人为误操作的重要设备。任何正常倒闸操作都必须经过五防系统的模拟预演和逻辑判断，所以确保五防系统的完好和完善，能大大防止和减少电网事故的发生。随着电网的发展，用户用电量的日益增大，对用户供电的可靠性要求越来越高，五防系统的作用也变得更为重要。

五防系统的工作原理是倒闸操作时先在防误主机上模拟预演操作，防误主机根据预先储存的防误闭锁逻辑库及当前设备位置状态，对每一项模拟操作进行闭锁逻辑判断，将正确的模拟操作内容生成实际的操作程序传输给电脑钥匙，运行人员按照电脑钥匙显示的操作内容，依次打开相应的编码锁对设备进行操作。全部操作结束后，通过电脑钥匙的回传，使设备状态与现场的设备状态保持一致。

五防功能主要指以下五个方面。

(1) 防止带负荷分、合隔离开关(注：开关、负荷开关、接触器合闸状态不能操作隔离开关)。

(2) 防止误分/合开关、负荷开关、接触器(注：只有操作指令与操作设备对应，才能对被操作设备操作)。

(3) 防止接地刀闸处于闭合位置时分合开关、负荷开关(注：只有当接地刀闸处于分闸状态时，才能合隔离开关或手车，才能进至工作位置，才能操作开关、负荷开关闭合)。

(4) 防止在带电时误合接地刀闸(注：只有在开关分闸状态时，才能操作隔离开关或手车,才能从工作位置退至试验位置,才能合上接地刀闸)。

(5)防止误入带电室(注:只有隔室不带电时,才能开门进入隔室)。

3. 变压器停电

操作前,运行方式为正常运行方式。

为了不影响用户的供电,在♯2主变压器能承受的前提下,全部负荷由♯2主变压器供给,倒闸操作前必须注意中性点的倒闸方式操作,停电操作必须按低、中、高的顺序,先断开三侧开关后才能依次断开低、中、高侧开关的两侧刀闸,断刀闸的顺序为主变侧刀闸、母线侧刀闸,主变压器的传动在退出后备保护联跳母联开关保护连接片后,中性点地刀必须在断开位置。

4. 变压器送电

主变压器送电,必须检查所有的安全措施是否全部拆除,两台主变压器的有载分头位置必须一致,冲击前,中性点地刀必须在合位,合刀闸的顺序为母线侧刀闸、主变侧刀闸,送电操作必须按高、中、低的顺序进行操作。

三、实验任务

10 kV岸电变电站♯1变压器间隔由运行转检修倒闸操作。

四、实验内容

(1)右键点击主控面板,在下拉菜单中选择【一键启动】启动仿真系统后台服务程序。

(2)在主控面板上双击打开【综自监控】软件。

(3)在主控面板上双击打开【教练台(课件编辑器)】软件,依次点击【冻结】、【复位工况(15号)】、【运行】按钮,调取15号正常运行方式;点击【操作记录】按钮,开始记录操作内容。

(4)在主控面板上双击打开【五防开票】软件,点击五防开票软件右上角的登录按钮,选择用户登录进行登录,密码为空,如图4-1所示。

图4-1 登录界面

① 点击图 4-2 中左上角的第四个按钮,弹出"询问"界面,选择【是】进行图形开票,如图 4-3 所示。

图 4-2 运行按钮

图 4-3 "询问"界面

② 按照倒闸操作票的步骤,依次点击 400 开关、401 开关、101 开关、401 手车(摇至"试验位置")、101 手车(摇至"试验位置")、10140 接地刀闸,如图 4-4 所示,完成一次设备图形开票。

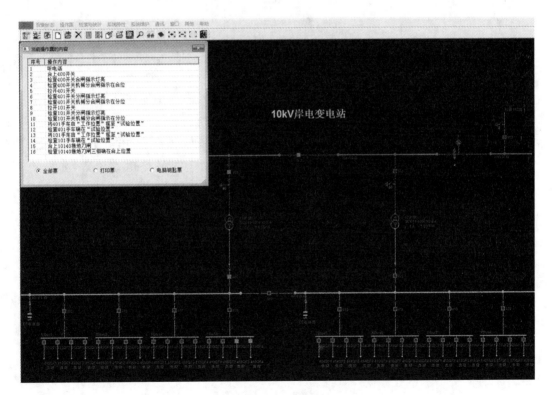

图 4-4 设备图形开票界面

③ 单击左上角的图形开票按钮,结束图形开票。
④ 选择【预演该操作票】(见图 4-5),核对操作是否正确。

图 4-5　选中【预演该操作票】

(5) 在主控面板上双击打开【五防钥匙】,然后返回五防开票软件选择【传到电脑钥匙】,将操作票传至五防钥匙中。

(6) 在主控面板上双击打开【三维场景】软件,进入三维场景后,单击左上角的菜单按钮,或者按【M】键打开菜单选择【地图导航】,导航到 10 kV 岸电站位置,如图 4-6 所示。

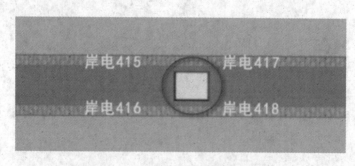

图 4-6　导航到 10 kV 岸电站位置

(7) 进入开关室后移动视角,依次单击选择【绝缘手套】、【绝缘靴】、【安全帽】等操作所需的安全工器具;在自动弹出的【工器具包】中,单击【绝缘手套】,然后选择【检查】,确认完好后选择【穿戴】,如图 4-7 所示。按照同样的方法,检查并穿戴【绝缘靴】和【安全帽】。

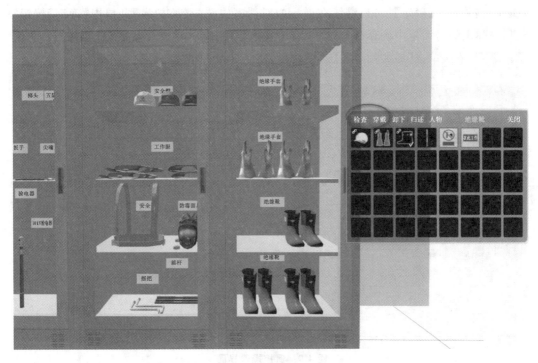

图 4-7 工器具包窗口

（8）按照倒闸操作票，按顺序执行操作任务；切换至【五防钥匙】软件，可以看到界面上显示【合上 400 开关】，单击五防钥匙右上角【操作】按钮，对 400 开关进行解锁，如图 4-8 所示。

图 4-8 解锁操作

（9）切换至【综自系统】软件，在主接线图上右键单击 400 开关，在右键菜单中选择【遥控】选项，在对话框中确认遥信名称，然后单击【发送】按钮，在弹出的对话框中选择

【操作人】并单击【确定】按钮；继续在弹出的对话框中选择【监护人】并单击【确定】按钮；最后在弹出的对话框中确认遥信名称，单击【确定】完成对遥控设备的验证，如图4-9所示。之后，依次单击【遥控预置】、【遥控执行】完成对400开关的遥控操作。

图4-9　遥控操作界面

（10）在主接线图上的空白位置单击右键，选择【厂站全遥信对位】，清除变位报警。

（11）切换至【三维场景】软件，移动到【低压联络柜L4】的400开关机构位置，调整位置和视角，观察400开关机构分合闸指示确在合位，双击400分合闸指示器位置，选择【状态确认】，确认当前设备为400开关，选择【三相确在合闸位置】，如图4-10所示。

图4-10　确认400开关三相在合闸位置

移动到低压联络柜L4的400转换开关位置，如图4-11所示，将转换开关由【自动】位置切换至【手动】位置。

(12) 参照(8)～(11)的"合上 400 开关并检查"的步骤,依次"合上 401、101 开关并检查"。注意:101 开关的转换开关要由【远方】位置切换至【就地】位置,如图 4-12 所示。

图 4-11　【自动】到【手动】的位置切换　　图 4-12　【远方】到【就地】的位置切换

(13) 切换至【五防钥匙】软件,单击确认至【将 401 手车由"工作位置"摇至"试验位置"】;切换至【三维场景】软件,移动到【低压进线柜 L1】的 401 手车位置,单击【五防钥匙】右上角【操作】按钮,对 401 手车间隔进行解锁;单击中间摇把操作位置,将手车摇至试验位置。操作示意图如图 4-13 所示。

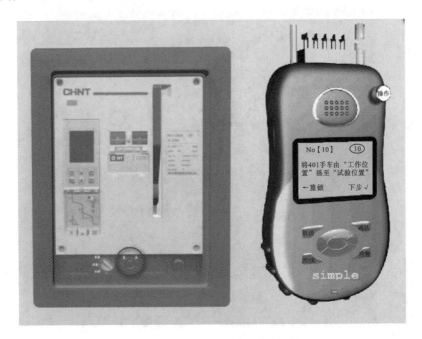

图 4-13　将 401 手车摇至试验位置

(14) 观察 401 手车机构在分位,双击 401 手车位置,选择【状态确认】,确认当前设备为 401 刀闸,选择【手车确在试验位置】,如图 4-14 所示。

图 4-14 确认 401 手车在试验位置

（15）切换至【五防钥匙】软件，单击确认至【将 101 手车由"工作位置"摇至"试验位置"】；切换至【三维场景】软件，移动到【♯1 出线柜 AH3】的 101 手车位置，单击【五防钥匙】右上角【操作】按钮，对 101 手车间隔进行解锁；单击中间摇把操作位置，将手车摇至试验位置。操作示意图如图 4-15 所示。

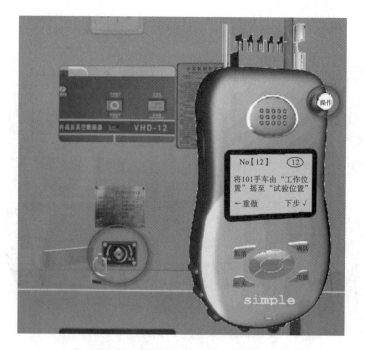

图 4-15 将 101 手车摇至试验位置

（16）观察 101 手车机构在分位，双击 101 手车位置，选择【状态确认】，确认当前设备为 101 手车刀闸，选择【手车确在试验位置】，如图 4-16 所示。

图 4-16　确认 101 手车在试验位置

(17) 鼠标左键点击液晶屏位置,查看【♯1 进线柜 AH3】带电指示灯灭,保护液晶屏内电流显示为零,间接验明 101 三相无电,如图 4-17 所示。

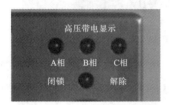 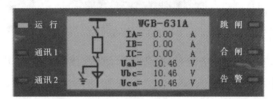

图 4-17　验明 101 三相无电

(18) 切换至【五防钥匙】软件,单击确认至【合上10140 接地刀闸】;切换至【三维场景】软件,移动到【♯1 出线柜 AH3】的 10140 接地刀闸位置,单击【五防钥匙】右上角【操作】按钮,对 10140 接地刀闸间隔进行解锁;单击摇把操作位置,合上 10140 接地刀闸。操作示意图如图 4-18 所示。

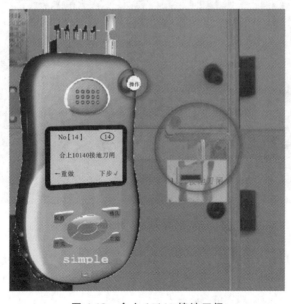

图 4-18　合上 10140 接地刀闸

(19) 观察 10140 接地刀闸机构在合位,双击 10140 接地刀闸位置,选择【状态确认】,确认当前设备为 10140 接地刀闸,选择【三相确在合闸位置】,如图 4-19 所示。

图 4-19 确认 10140 接地刀闸在合闸位置

(20) 单击左上角的菜单按钮,或者按【M】键打开菜单选择【工器具包】,单击【禁止合闸 有人工作】标识牌,点击【穿戴】,如图 4-20 所示,然后用鼠标点击 101 开关操作把手位置,完成挂牌,挂牌完成后即可卸下【禁止合闸 有人工作】标识牌。

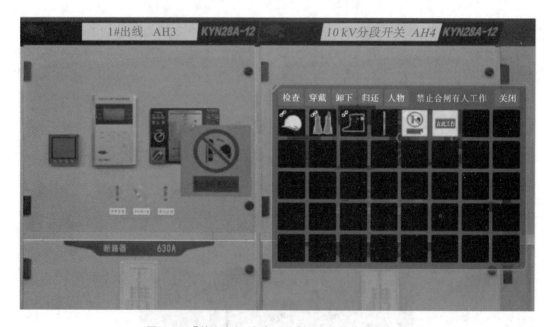

图 4-20 【禁止合闸 有人工作】标识牌的挂牌与撤牌

(21) 移动到#1 变压器位置,在【工器具包】中单击【围栏】,点击【穿戴】,然后用鼠标点击需要装设围栏的设备本体位置,完成围栏装设,完成后即可卸下【围栏】,最后在围栏上挂【在此工作】标识牌,如图 4-21 所示。

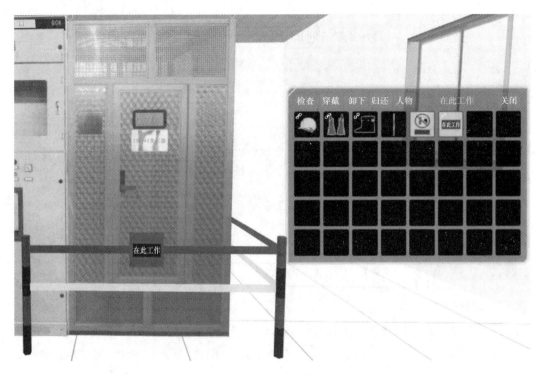

图 4-21 工器具包中围栏的装设与卸载

（22）切换至【综自监控】软件，右键点击空白处，在 DTS 辅助功能中选择【汇报调度】。

（23）返回【三维场景】，打开安全工器具栏，选择相应安全工器具，依次单击【卸下】、【归还】，归还安全工器具，操作任务结束。

（24）切换至【教练台（课件编辑器）】软件，点击【操作记录】按钮，结束记录操作内容；点击【记录评分】按钮，查看并导出记录内容。

五、实验报告

（1）根据实验内容，将倒闸操作票导出为 Word 文档存档。

（2）将实验内容的仿真系统操作记录导出为 Excel 表格存档。

实验八 10 kV 侧间隔开关转检修倒闸操作

一、实验目的

(1) 熟悉并掌握 10 kV 侧间隔开关由运行转检修倒闸操作。
(2) 了解并熟悉开倒闸操作第一种工作票的过程。
(3) 熟悉并掌握五防系统的作用。
(4) 了解并熟悉五防的功能和定义。

二、实验原理

1. 过程描述

接受调令→开操作票→分开关→分隔离开关→二次操作→手车转检修位置→挂牌→汇报。

2. 五防系统

五防系统是变电站防止误操作的主要设备,确保变电站安全运行、防止人为误操作的重要设备。任何正常倒闸操作都必须经过五防系统的模拟预演和逻辑判断,所以确保五防系统的完好和完善,能大大防止和减少电网事故的发生。随着电网的发展,用户用电量的日益增大,对用户供电的可靠性要求越来越高,五防系统的作用也变得更为重要。

五防系统工作原理是倒闸操作时先在防误主机上模拟预演操作,防误主机根据预先储存的防误闭锁逻辑库及当前设备位置状态,对每一项模拟操作进行闭锁逻辑判断,将正确的模拟操作内容生成实际的操作程序传输给电脑钥匙,运行人员按照电脑钥匙显示的操作内容,依次打开相应的编码锁对设备进行操作。全部操作结束后,通过电脑钥匙的回传,使设备状态与现场的设备状态保持一致。

五防功能主要指以下五方面。

(1) 防止带负荷分、合隔离开关(注:开关、负荷开关、接触器合闸状态不能操作隔离开关)。

(2) 防止误分/合开关、负荷开关、接触器(注:只有操作指令与操作设备对应,才能对被操作设备操作)。

(3) 防止接地刀闸处于闭合位置时分合开关、负荷开关(注:只有当接地刀闸处于分闸状态时,才能合隔离开关或手车,才能进至工作位置,才能操作开关、负荷开关闭合)。

(4) 防止在带电时误合接地刀闸(注:只有在开关分闸状态时,才能操作隔离开关或手车,才能从工作位置退至试验位置,才能合上接地刀闸)。

(5) 防止误入带电室(注:只有隔室不带电时,才能开门进入隔室)。

三、实验任务

10 kV 岸电变电站 10 kV 进线 111 开关由运行转检修倒闸操作。

四、实验内容

(1) 右键点击主控面板,在下拉菜单中选择【一键启动】启动仿真系统后台服务程序。
(2) 在主控面板上双击打开【综自监控】软件。
(3) 在主控面板上双击打开【教练台(课件编辑器)】软件,依次点击【冻结】、【复位工况(15 号)】、【运行】按钮,调取 15 号正常运行方式;点击【操作记录】按钮,开始记录操作内容。
(4) 在主控面板上双击打开【五防开票】软件,点击五防开票软件右上角的登录按钮,选择用户登录进行登录,密码为空,如图 4-22 所示。

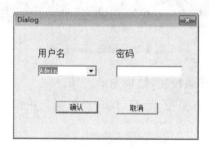

图 4-22　登录界面

① 点击图 4-23 中左上角的第四个按钮,弹出"询问"界面,选择【是】进行图形开票,如图 4-24 所示。

图 4-23　运行按钮

图 4-24　"询问"界面

② 按照倒闸操作票的步骤依次点击 400 开关、401 开关、101 开关、111 开关、111 手车(摇至"试验位置")、111 手车(摇至"检修位置"),如图 4-25 所示,完成一次设备图形开票。

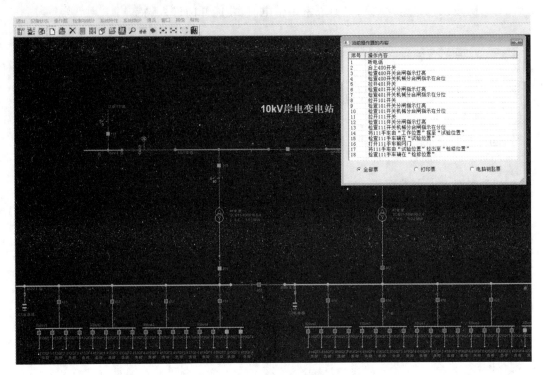

图 4-25 设备图形开票

③ 单击左上角的图形开票按钮,结束图形开票。

④ 选择【预演该操作票】(见图 4-26),核对操作是否正确。

图 4-26 选中【预演该操作票】

(5) 在主控面板上双击打开【五防钥匙】,然后返回五防开票软件选择【传到电脑钥匙】,将操作票传至五防钥匙中。

(6) 在主控面板上双击打开【三维场景】软件,进入三维场景后,单击左上角的菜单按钮,或者按【M】键打开菜单选择【地图导航】,导航到 10 kV 岸电站位置,如图 4-27 所示。

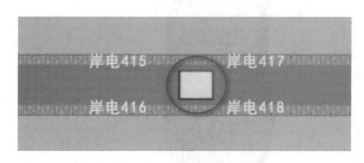

图 4-27　导航到 10 kV 岸电站位置

(7) 进入开关室后移动视角,依次单击选择【绝缘手套】、【绝缘靴】、【安全帽】等操作所需的安全工器具;在自动弹出的【工器具包】中,单击【绝缘手套】,然后选择【检查】,确认完好后选择【穿戴】,如图 4-28 所示。按照同样的方法,检查并穿戴【绝缘靴】和【安全帽】。

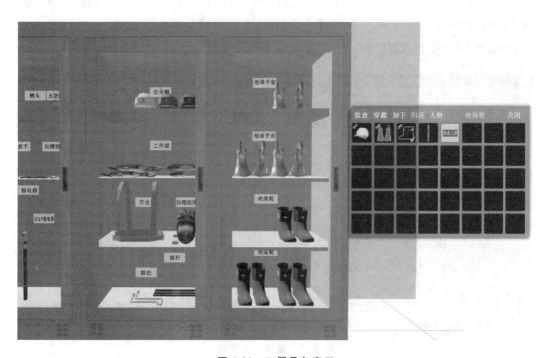

图 4-28　工器具包窗口

(8) 按照倒闸操作票,按顺序执行操作任务;切换至【五防钥匙】软件,可以看到界面上显示【合上 400 开关】,单击五防钥匙右上角【操作】按钮,对 400 开关进行解锁,如

图 4-29 所示。

图 4-29　解锁操作

（9）切换至【综自系统】软件，在主接线图上右键单击 400 开关，在右键菜单中选择【遥控】选项，在对话框中确认遥信名称，然后单击【发送】，在弹出的对话框中选择【操作人】并单击【确定】按钮；继续在弹出的对话框中选择【监护人】并单击【确定】按钮；最后在弹出的对话框中确认遥信名称，单击【确定】完成对遥控设备的验证，如图 4-30 所示。之后，依次单击【遥控预置】、【遥控执行】完成对 400 开关的遥控操作。

图 4-30　遥控操作界面

（10）在主接线图上的空白位置单击右键，选择【厂站全遥信对位】，清除变位报警。

（11）切换至【三维场景】软件，移动到【低压联络柜 L4】的 400 开关机构位置，调整位置和视角,观察400开关机构分合闸指示确在合位,双击400分合闸指示器位置,选择【状态确认】,确认当前设备为400开关,选择【三相确在合闸位置】,如图4-31所示。

图4-31 确认400开关三相在合闸位置

移动到低压联络柜L4的400转换开关位置,如图4-32所示,将转换开关由【自动】位置切换至【手动】位置。

(12)参照(8)~(11)的"合上400开关并检查"的步骤,依次"合上401、101、111开关并检查"。注意:101、111开关的转换开关要由【远方】位置切换至【就地】位置,如图4-33所示。

图4-32 【自动】到【手动】的位置切换　　图4-33 【远方】到【就地】的位置切换

(13)(注意:对10 kV岸电111线路111刀闸操作前,先通过【就地辅助】软件模块连接到对端的"110 kV港口变电站",右键点击111开关选择开关操作,点击分闸)切换至【五防钥匙】软件,单击确认至【将111手车由"工作位置"摇至"试验位置"】;切换至【三维场景】软件,移动到♯1进线柜AH1的111手车位置,单击【五防钥匙】右上角【操作】按钮,对111手车间隔进行解锁;单击中间摇把操作位置,将手车摇至试验位置。操作示意图如图4-34所示。

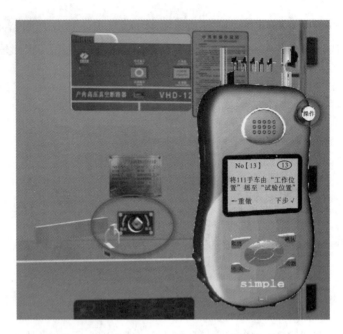

图 4-34　将 111 手车摇至试验位置

（14）观察 111 手车机构在分位，双击 111 手车位置，选择【状态确认】，确认当前设备为 111 手车刀闸，选择【手车确在试验位置】，如图 4-35 所示。

图 4-35　确认 111 手车在试验位置

（15）鼠标左键点击液晶屏位置，查看【♯1 进线柜 AH1】带电指示灯灭，保护液晶屏内电流显示为零，间接验明 111 三相无电，如图 4-36 所示。

（16）切换至【五防钥匙】软件，单击确认至【打开 111 手车前网门】；切换至【三维场景】软件，移动到【♯1 进线柜 AH1】的 111 手车位置，单击打开柜门，然后点击手车托盘把手位置将手车拉至检修位。操作示意图如图 4-37 所示。

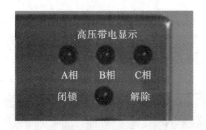 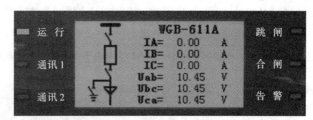

图 4-36 验明 111 三相无电

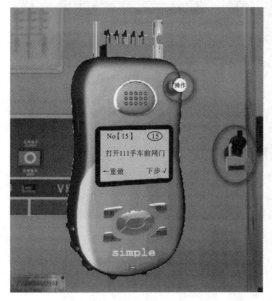 

图 4-37 打开 111 手车前网门

(17)观察 111 手车机构在检修位置,双击 111 手车位置,选择【状态确认】,确认当前设备为 111 手车刀闸,选择【手车确在检修位置】,如图 4-38 所示。

图 4-38 确认 111 手车在检修位置

(18) 单击左上角的菜单按钮,或者按【M】键打开菜单选择【工器具包】,单击【围栏】标识牌,点击【穿戴】,然后用鼠标点击需要装设围栏的设备本体位置,完成围栏装设,完成后即可卸下【围栏】,最后在围栏上挂【在此工作】标识牌,如图 4-39 所示。

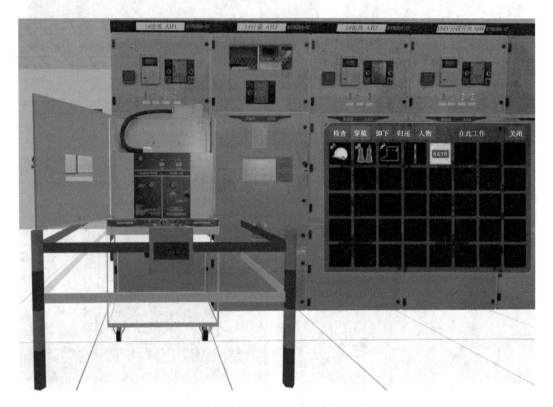

图 4-39　工器具包中围栏的装设与卸载

(19) 切换至【综自监控】软件,右键点击空白处,在 DTS 辅助功能中选择【汇报调度】。

(20) 返回【三维场景】,打开安全工器具栏,选择相应安全工器具,依次单击【卸下】、【归还】,归还安全工器具,操作任务结束。

(21) 切换至【教练台(课件编辑器)】软件,点击【操作记录】按钮,结束记录操作内容;点击【记录评分】按钮,查看并导出记录内容。

五、实验报告

(1) 根据实验内容将倒闸操作票导出为 Word 文档存档。
(2) 将实验内容的仿真系统操作记录导出为 Excel 表格存档。

第三部分

混合仿真模式实验指导

第5章 电力工程实验的安全须知

5.1 实验室安全管理

1. 操作前检查

在进行实验之前,必须进行实验室设备和仪器的检查,确保所有设备完好无损。如果发现任何有损坏或不完整的设备,应立即报告实验室管理员并寻求修理或更换。

2. 实验室规则

遵守实验室规则,禁止擅自调试实验设备,严禁随意更改实验室电源设置,禁止在实验室内吃东西、喝水等行为。

3 紧急情况

在实验室中,可能出现火灾、电击、漏电等紧急情况。学生需要掌握使用灭火器的技能,熟悉灭火器和急救设备在实验室的位置。

5.2 电力设备操作安全

1. 标准操作程序

在进行电力设备操作时,必须遵循正确的操作程序,不得擅自操作或改变接线,以免引起设备故障或安全事故。

2. 戴防护用品

进行电力工程实验时,学生应该佩戴个人防护用品,包括绝缘手套、绝缘靴等。这些装备能够有效地保护学生免受电击等伤害。

3. 避免高压操作

高压电源是电力实验中常用的设备之一,但也是潜在的危险源。学生应避免擅自操作高压设备,并确保设备与其他导电物体之间的安全距离。

5.3　电气安全措施

1. 断电操作

在进行实验前,必须将电源断开并等待一段时间,以确保设备中的电能完全释放。试验结束后也应及时关闭电源,避免电路长时间通电。

2. 绝缘检查

在每次实验开始前,应仔细检查设备的绝缘状态,确保设备没有漏电的危险。同时,还需检查设备的接线是否牢固可靠,避免电路短路等问题发生。

3. 接地保护

在接地保护方面,实验室应设有良好的接地装置,确保实验设备与大地之间始终保持良好的接地状态。学生也要遵守规定,确保自己的身体与地面间的接触良好。

5.4　实验过程中的注意事项

1. 正确使用仪器

学生在进行实验时,必须熟悉并正确使用各种仪器,如果对仪器的操作不熟悉,应向实验老师寻求指导。

2. 注意电路连接

在搭建电路时,应保持电路连接的稳定可靠,不得随意拔插电源线,以免引起电路短路或电击风险。

3. 防止触电

实验过程中需要注意自身安全,避免触碰裸露的导线和零部件,尤其是在设备通电状态下,更要谨慎避免触电事故的发生。

5.5　实验结束后的处理

1. 设备维护

实验结束后,学生需要按照规定对设备进行清理和维护,确保设备的正常工作,为下一次实验做好准备。

2. 安全关闭

实验结束时,学生应当安全关闭设备并断开电源,同时还需要清除实验现场,保持工作区域的整洁和安全。

实验九 10 kV 侧母线故障事故处理

一、实验目的

(1) 熟悉并掌握 10 kV 侧母线故障导致的事故现象及处理方式。
(2) 了解并熟悉分析故障、隔离故障、恢复供电的全过程操作。

二、实验原理

(1) 过程描述:10 kV 侧母线发生三相短路永久故障→本站线路保护动作开关跳闸→重合闸动作重合不成功→本站 400 V 主变低压侧备自投跳开主变低压侧开关→投入备用联络开关→由♯2 主变带全站运行→汇报、处理。

(2) 本站 10 kV 侧母线采用单母线分段接线,未配置母线保护,母线故障时由本站线路保护跳闸。

(3) 三段式过电流保护:装置设Ⅰ、Ⅱ、Ⅲ段带低压闭锁的电流方向保护,各段电流及时间定值可独立整定,通过分别设置整定控制字控制这三段保护的电压元件、方向元件的投退。

三、实验任务

10 kV 岸电变电站 10 kV Ⅰ段母线三相短路永久故障的检测、判断和处理。

四、硬件准备

(1) 打开模拟主控制柜柜门,首先确认【仿真模式切换开关】处于【停用】模式(见图 5-1),然后依次将【总电源】、【主回路电源】、【二次回路电源】、【辅助回路电源】、【直流电

图 5-1 仿真模式切换开关状态

源】的空开合上(见图 5-2),最后检查【直流电源模块 1】和【信号转换箱】是否正常运行,如图 5-3 所示。

图 5-2　依次合上空开

图 5-3　【直流电源模块 1】和【信号转换箱】的运行状态

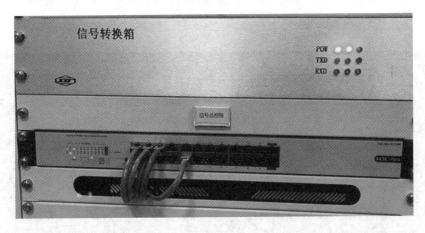

续图 5-3

（2）对主设备运行情况进行检查，所有设备均上电运行正常，确认所有开关的转换开关均在【远方】或【自动】位置，如图 5-4 所示。

图 5-4　确认所有的转换开关均在【远方】或【自动】位置

五、实验内容

（1）右键点击主控面板，在下拉菜单中选择【一键启动】启动仿真系统后台服务程序。

（2）在主控面板上双击打开【教练台（课件编辑器）】软件，依次点击【冻结】、【复位工况（15 号）】、【运行】按钮，调取 15 号混仿正常运行方式；点击【操作记录】按钮，开始记录操作内容。

（3）在主控面板上双击打开【就地辅助】软件，进入 10 kV 岸电变电站主接线图，如图 5-5 所示。

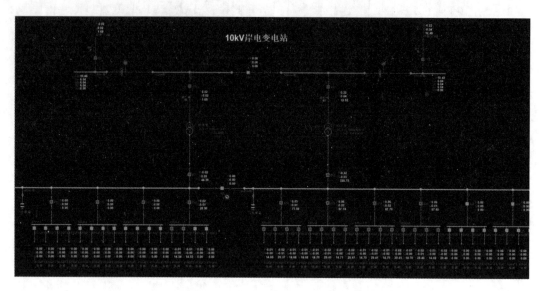

图 5-5　10 kV 岸电变电站主接线图

（4）在桌面上双击打开【JY8000 综合监控】，输入用户名及密码，打开【综合图形】界面，如图 5-6 所示。

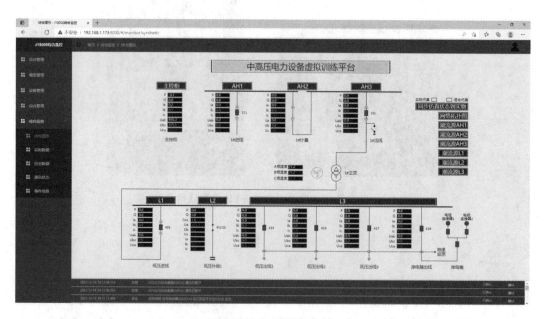

图 5-6　【综合图形】界面

（5）将模拟主控制柜的【仿真模式切换开关】由【停用】模式切换到【混合仿真】模式，如图 5-7 所示。

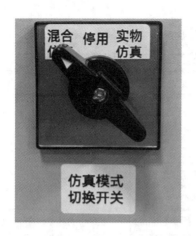

图 5-7 仿真模式切换开关状态

(6) 切换至【JY8000 综合监控】,查看【混合仿真】模式是否点亮,硬件设备状态、JY8000 综合监控设备状态是否与【就地辅助】软件的设备状态同步一致,在主图空白区域点击右键选择【全部清闪】,如图 5-8 所示。

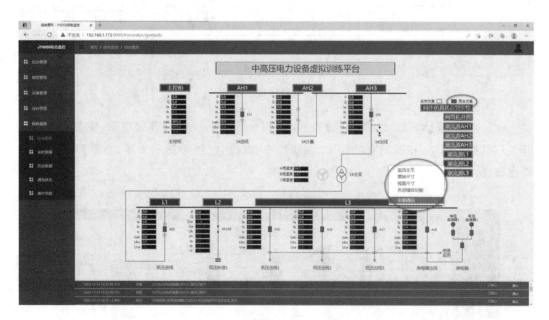

图 5-8 查看混合仿真下的状态

(7) 在教练台中设置故障,右侧厂站选择【10 kV 岸电变电站】,电压等级选择【10 kV】,故障时间选择【永久故障】;左侧首先选择【设备故障】、【母线节点故障】、【三相短路】,然后选择【10 kV Ⅰ 母】;再单击下方的【添加到教案列表】。

单击【启动勾选教案】按钮,先发送异常,再发送故障;发送成功会显示在教练台下部的显示框中。以上操作显示界面如图 5-9 所示。

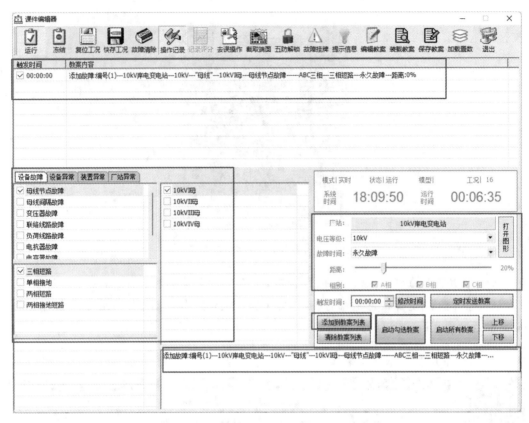

图 5-9 操作显示界面

（8）切换至【JY8000 综自监控】软件，如图 5-10 所示，查看事故现象，主界面上 111 开关位置指示闪烁，相应的有功功率、无功功率、电流、电压等指示为零；查看弹出的实时报警信息。

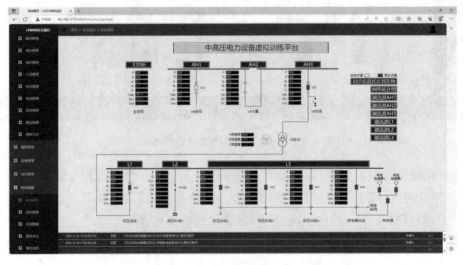

图 5-10 切换气【JY8000 综自监控】查看事故现象

(9) 学员装备【安全帽】、【绝缘靴】、【绝缘手套】进入开关设备区域。

(10) 前往【1♯进线 AH1】开关柜,点击保护液晶屏,查看液晶显示屏中【电流Ⅰ段跳闸】、【重合闸】、111 开关确在分位状态,如图 5-11 所示,确认后单击下部的【复归】按钮。

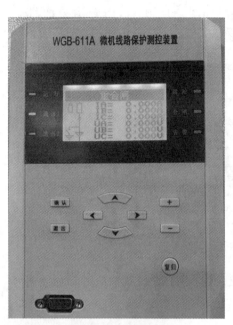
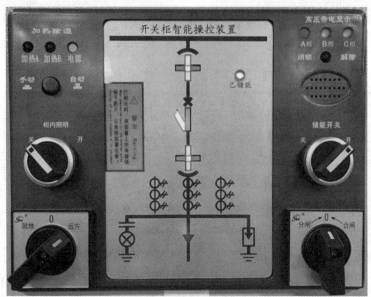

图 5-11 查看液晶显示中【电流Ⅰ段跳闸】、【重合闸】、111 开关确在分位状态

(11) 根据事故现象和现场巡视检查,可以判断为 10 kV Ⅰ段母线发生三相短路故障,本站线路侧开关跳闸,400 V 备自投装置动作,成功隔离故障,自动切至♯2 变压器带

400 VⅠ段母线运行。

(12) 事故处理:根据调度指令,依次将 101、111、100、1501 间隔转到冷备用状态,在 10 kVⅠ、Ⅱ段母线上查找故障并排除。

(13) 处理步骤 1:前往【♯1 出线柜 AH3】开关柜,将【转换开关】把手转至【就地】位置,如图 5-12 所示,用专用摇把将 101 手车摇至试验位置,并检查手车确在试验位置。

 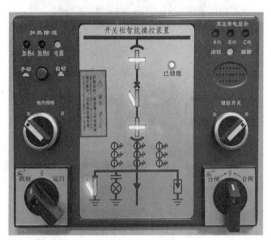

图 5-12　前往【♯1 出线柜 AH3】开关柜,将【转换开关】把手转至【就地】位置

(14) 处理步骤 2:前往【♯1 进线柜 AH1】开关柜,将【转换开关】把手转至【就地】位置,如图 5-13 所示,用专用摇把将 111 手车摇至试验位置,并检查手车确在试验位置。

 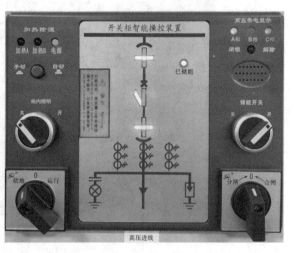

图 5-13　前往【♯1 进线柜 AH1】开关柜,将【转换开关】把手转至【就地】位置

(15) 处理步骤3:切换至【就地辅助】软件,进入 10 kV 岸电变电站主接线图,如图 5-14 所示,分别右键点击 100 间隔 1001、1002 手车刀闸,选择【刀闸操作】和【试验位】,将 100 间隔 1001、1002 手车摇至试验位置。

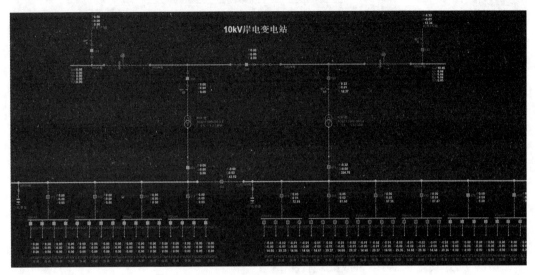

图 5-14　10 kV 岸电变电站主接线图

(16) 处理步骤4:前往【♯1 计量柜 AH2】开关柜,用专用摇把将 1501 手车摇至试验位置,并检查手车确在试验位置,如图 5-15 所示。

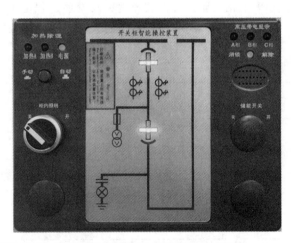

图 5-15　前往【♯1 计量柜 AH2】开关柜,用专用摇把将 1501 手车摇至试验位置

(17) 切换至【JY8000 综合监控】,查看当前硬件设备状态、JY8000 综合监控设备状态与【就地辅助】软件的设备状态是否同步一致,在主图空白区域点击右键选择【全部清闪】,如图 5-16 所示;待故障排除后再根据调度指令恢复 10 kV I 段母线供电。

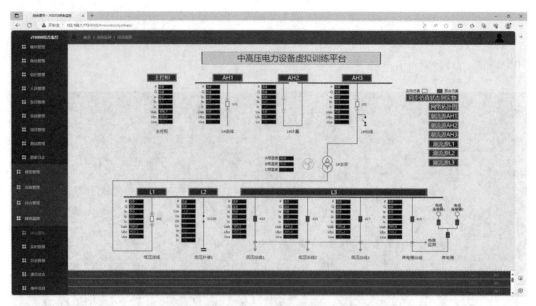

图 5-16 切换【JY8000 综合监控】查看设备状态

(18) 归还安全工器具,事故处理任务结束。

(19) 切换至【教练台(课件编辑器)】软件,点击【操作记录】按钮,结束记录操作内容;点击【记录评分】按钮,查看并导出记录内容。

六、实验报告

(1) 根据实验内容将故障现象及处理过程记录在表 5-1 中。

表 5-1 故障现象及处理过程

项目名称				故障现象		
故障时间			年	月	日 时 分 秒	
综自监控						
潮流	故障前	P Q I				
	故障时	P Q I				
	故障后	P Q I				
实验设备						
处理过程						

(2) 将实验内容的记录导出为 Excel 表格存档。

实验十　10 kV 侧单相故障事故处理

一、实验目的

(1) 熟悉并掌握主变 10 kV 侧单相故障导致的事故现象及处理方式。
(2) 熟悉并掌握不接地系统出现单相接地时的现象。
(3) 了解并熟悉分析故障、隔离故障、恢复供电的全过程操作。

二、实验原理

(1) 过程描述:10 kV 侧发生单相接地永久故障→三相电压指示不平衡,接地相电压降低或为零,其他两相电压升高或为线电压→汇报、处理。

(2) 本站 10 kV 侧母线采用单母线分段接线,未配置母线保护,母线故障时由本站线路保护跳闸。

(3) 三段式过电流保护:装置设Ⅰ、Ⅱ、Ⅲ段带低压闭锁的电流方向保护,各段电流及时间定值可独立整定,通过分别设置整定控制字控制这三段保护的电压元件、方向元件的投退。

三、实验任务

10 kV 岸电变电站 10 kV Ⅰ段母线单相接地永久故障的检测、判断和处理。

四、硬件准备

(1) 打开模拟主控制柜柜门,首先确认【仿真模式切换开关】处于【停用】模式(见图 5-17),然后依次将【总电源】、【主回路电源】、【二次回路电源】、【辅助回路电源】、【直流电

图 5-17　仿真模式切换开关状态

源】空开合上(见图 5-18),最后检查【直流电源模块 1】和【信号转换箱】是否正常运行,如图 5-19 所示。

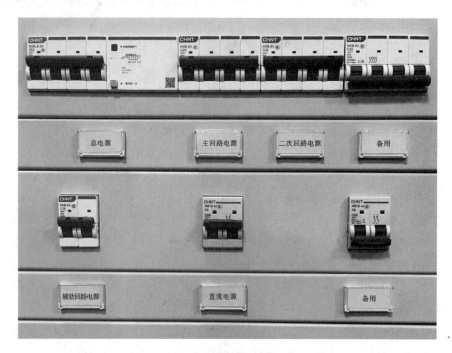

图 5-18　依次合上空开

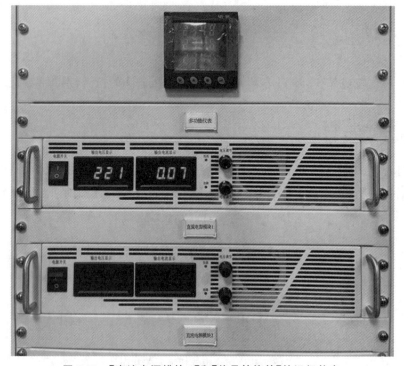

图 5-19　【直流电源模块 1】和【信号转换箱】的运行状态

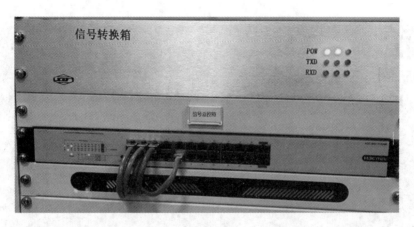

续图 5-19

（2）对主设备运行情况进行检查，所有设备均上电运行正常，确认所有开关的转换开关均在【远方】或【自动】位置，如图 5-20 所示。

图 5-20　确认所有开关的转换开关均在【远方】或【自动】位置

五、实验内容

（1）右键点击主控面板，在下拉菜单中选择【一键启动】启动仿真系统后台服务程序。

（2）在主控面板上双击打开【教练台（课件编辑器）】软件，依次点击【冻结】、【复位工况（15 号）】、【运行】按钮，调取 15 号混仿正常运行方式；点击【操作记录】按钮，开始记录操作内容。

（3）在主控面板上双击打开【就地辅助】软件，进入 10 kV 岸电变电站主接线图，如图 5-21 所示。

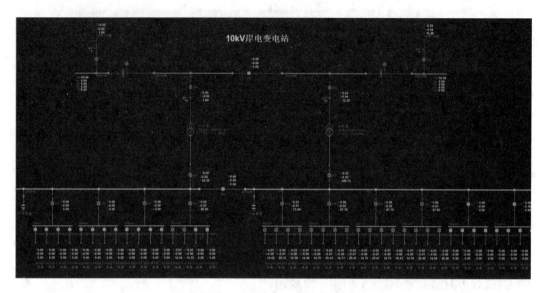

图 5-21　10 kV 岸电变电站主接线图

(4) 在桌面上双击打开【JY8000 综合监控】，输入用户名及密码，打开【综合图形】界面，如图 5-22 所示。

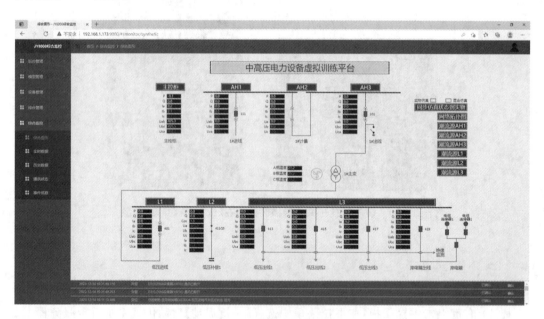

图 5-22　【综合图形】界面

(5) 将模拟主控制柜的【仿真模式切换开关】由【停用】模式切换到【混合仿真】模式，如图 5-23 所示。

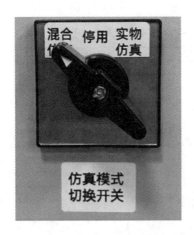

图 5-23　仿真模式切换开关状态

（6）切换至【JY8000 综合监控】，查看【混仿仿真】模式是否点亮，硬件设备状态、JY8000 综合监控设备状态与【就地辅助】软件的设备状态是否同步一致，在主图空白区域点击右键选择【全部清闪】，如图 5-24 所示。

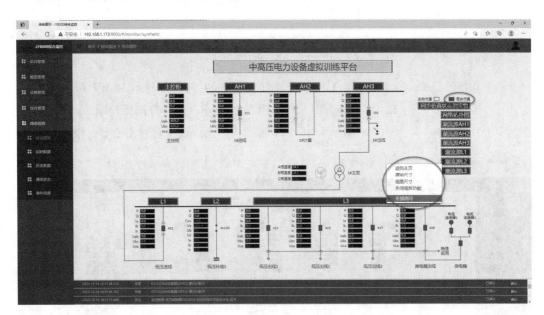

图 5-24　查看混合仿真下的状态

（7）在教练台中设置故障，右侧厂站选择【10 kV 岸电变电站】，电压等级选择【10 kV】，故障时间选择【永久故障】；在左侧选择【设备故障】、【母线节点故障】、【单相接地】、选择【10 kVⅠ母】，最后在右侧选择相别 A；点击下方的【添加到教案列表】。

单击【启动勾选教案】按钮，先发送异常，再发送故障；发送成功会显示在教练台下部的显示框中。以上操作显示界面如图 5-25 所示。

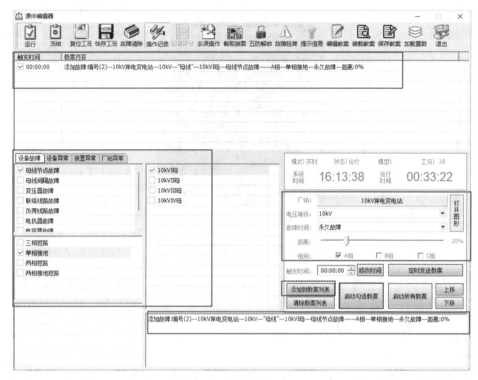

图 5-25 操作显示界面

（8）切换至【JY8000 综自监控】软件，查看事故现象，主画面上显示 10 kVI母 Uab 电压为 10.5，相应的 Ubc 为 12.0，Uca 为 10.5，如图 5-26 所示；AH3 分画面显示 10 kV，Ua 电压为 0.00，相应的 Ub 为 10.45，Uc 为 10.47，如图 5-27 所示；查看弹出的实时报警信息。

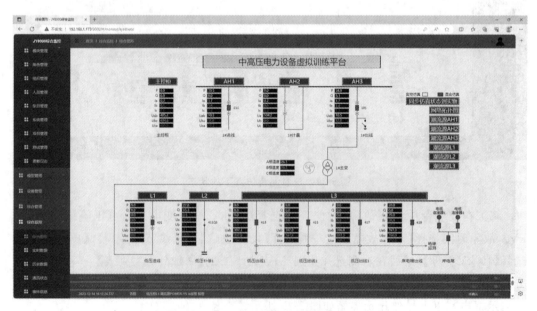

图 5-26 【JY8000 综自监控】软件主画面

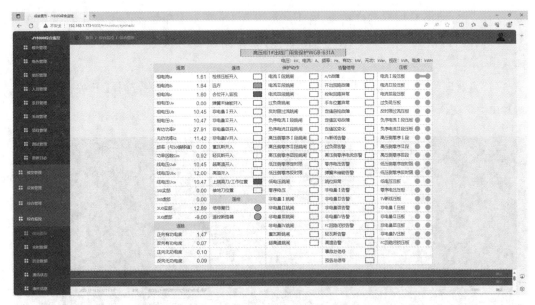

图 5-27 【JY8000 综自监控】软件分画面

(9) 学员装备【安全帽】、【绝缘靴】、【绝缘手套】进入开关设备区域。

(10) 分别前往【♯1 进线 AH1】和【♯1 出线 AH3】开关柜(见图 5-28),点击保护液晶屏,查看液晶显示 A 相电压为零,B、C 相电压升高为线电压,确认后单击下部的【复归】按钮。

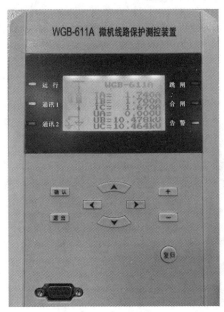 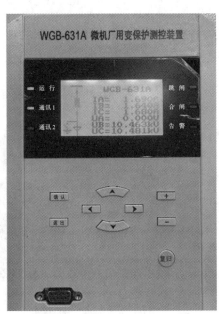

图 5-28 【1♯进线 AH1】和【1♯出线 AH3】开关柜

(11) 根据事故现象和现场巡视检查,可以判断为 10 kV Ⅰ、Ⅱ 段母线发生单相接地故障。

(12) 事故处理:根据调度指令,合上400开关,拉开401开关,由♯2变压器带400 V Ⅰ段母线运行,依次将101、111、100、1501间隔转到冷备用状态,在母线上查找故障并排除。

(13) 处理步骤1:切换至【就地辅助】软件,右键点击400开关,选择【开关操作】、【合闸】,由♯2变压器带400 V Ⅰ段母线运行,如图5-29所示。

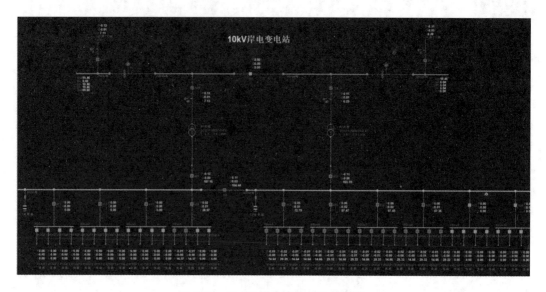

图5-29 10 kV岸电变电站主接线图

(14) 处理步骤2:前往【低压进线柜L1】开关柜,将【转换开关】把手转至【手动】位置,如图5-30所示,按压分闸按钮将401开关分闸。

图5-30 【低压进线柜L1】开关柜操作面板

(15) 处理步骤3:前往【♯1出线柜AH3】开关柜,将【转换开关】把手转至【就地】位置,如图5-31所示,用101分合闸把手将101开关分闸。

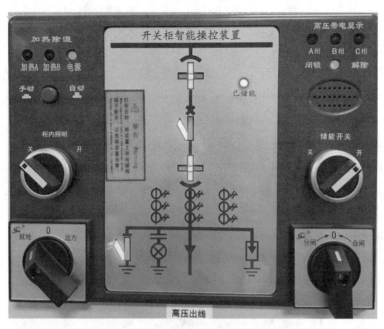

图 5-31 【♯1 出线柜 AH3】开关柜操作面板

(16) 处理步骤 4:前往【♯1 进线柜 AH1】开关柜,将【转换开关】把手转至【就地】位置,如图 5-32 所示,用 111 分合闸把手将 111 分闸。

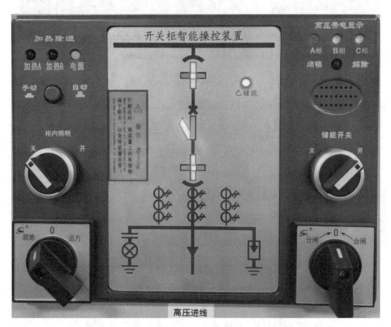

图 5-32 【♯1 进线柜 AH1】开关柜操作面板

(17) 处理步骤 5:前往【♯1 出线柜 AH3】开关柜,将【转换开关】把手转至【就地】位置,如图 5-33 所示,用专用摇把将 101 手车摇至试验位置,并检查手车确在试验位置。

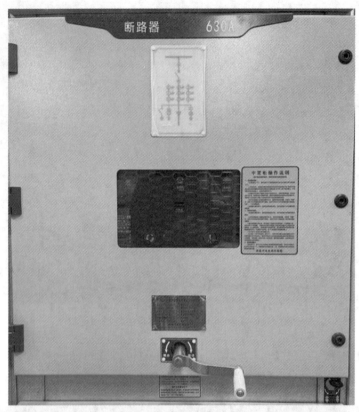
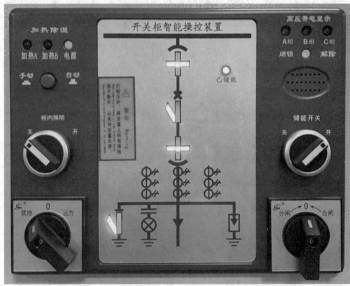

图 5-33 【#1 出线柜 AH3】开关柜操作面板

(18) 处理步骤 6：前往【#1 进线柜 AH1】开关柜，将【转换开关】把手转至【就地】位置，如图 5-34 所示，用专用摇把将 111 手车摇至试验位置，并检查手车确在试验位置。

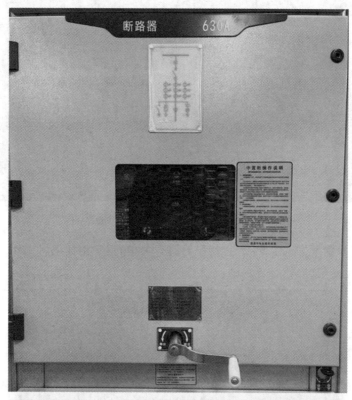
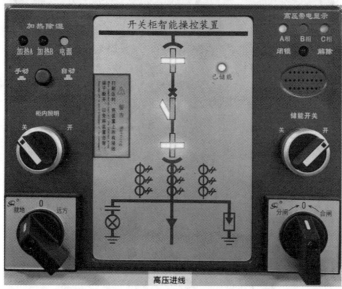

图 5-34 【♯1 进线柜 AH1】开关柜操作面板

(19) 处理步骤 7：切换至【就地辅助】软件，如图 5-35 所示，右键分别点击 100 间隔 1001、1002 手车刀闸，选择【刀闸操作】和【试验位】，将 100 间隔 1001、1002 手车摇至试验位置。

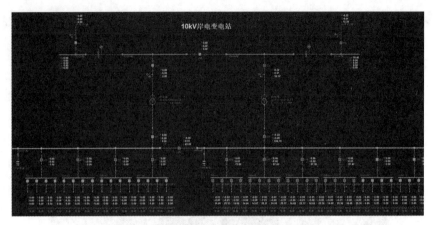

图 5-35　10 kV 岸电变电站主接线图

（20）处理步骤 8：前往【♯1 计量柜 AH2】开关柜，用专用摇把将 1501 手车摇至试验位置，如图 5-36 所示，并检查手车确在试验位置。

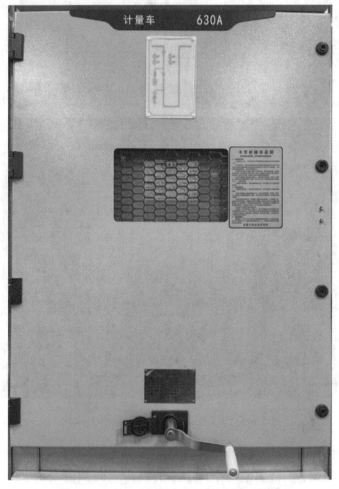

图 5-36　【♯1 计量柜 AH2】开关柜操作面板

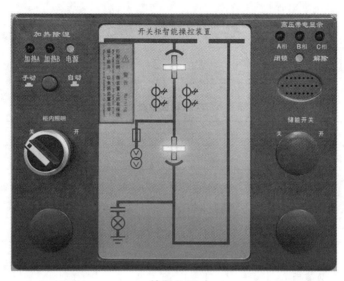

续图 5-36

(21) 如图 5-37 所示,切换至【JY8000 综合监控】,查看当前硬件设备状态、JY8000 综合监控设备状态与【就地辅助】软件的设备状态是否同步一致(注意:401 手车位置不具备上传同步功能,以设备实际状态为准),在主图空白区域点击右键选择【全部清闪】;待故障排除后再根据调度指令恢复 10 kV I 段母线供电。

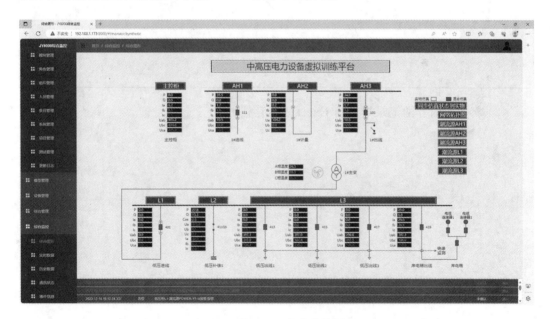

图 5-37 【JY8000 综合监控】界面

(22) 归还安全工器具,事故处理任务结束。

(23) 切换至【教练台(课件编辑器)】软件,点击【操作记录】按钮,结束记录操作内容;点击【记录评分】按钮,查看并导出记录内容。

六、实验报告

(1) 根据实验内容将故障现象及处理过程记录在表 5-2 中。

表 5-2　故障现象及处理过程

项目名称				故障现象			
故障时间			年　　月　　日　　时　　分　　秒				
综自监控							
潮流	故障前	P　Q　I					
	故障时	P　Q　I					
	故障后	P　Q　I					
实验设备							
处理过程							

(2) 将实验内容的记录导出为 Excel 表格存档。

实验十一　变压器故障事故处理

一、实验目的

(1) 熟悉并掌握变压器故障导致的事故现象及处理方式。
(2) 了解并熟悉分析故障、隔离故障、恢复供电的全过程操作。

二、实验原理

(1) 过程描述：厂用变发生三相短路永久故障→厂用变保护动作跳开主变两侧开关→汇报、处理。
(2) 厂用变保护设三段式过电流保护：装置设Ⅰ、Ⅱ、Ⅲ段定时限过电流保护，各段电流及时间定值可独立整定。

三、实验任务

10 kV 岸电变电站 10 kV ♯1 变压器内部三相故障的检测、判断和处理。

四、硬件准备

(1) 打开模拟主控制柜柜门，首先确认【仿真模式切换开关】处于【停用】模式(见图 5-38)，然后依次将【总电源】、【主回路电源】、【二次回路电源】、【辅助回路电源】、【直流电源】空开投入运行(见图 5-39)，最后检查【直流电源模块 1】和【信号转换箱】是否正常运行，如图 5-40 所示。

图 5-38　仿真模式切换开关状态

图 5-39 依次合上空开

图 5-40 【直流电源模块 1】和【信号转换箱】的运行状态

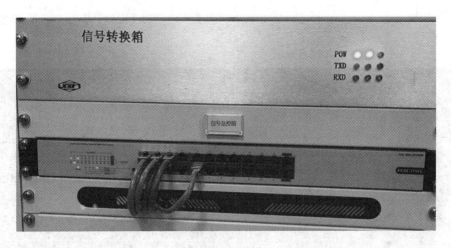

续图 5-40

（2）对主设备运行情况进行检查，所有设备均上电运行正常，确认所有开关的转换开关均在【远方】或【自动】位置，如图 5-41 所示。

图 5-41 确认所有开关的转换开关均在【远方】或【自动】位置

五、实验内容

（1）右键点击主控面板在下拉菜单中选择【一键启动】选项启动仿真系统后台服务程序。

（2）在主控面板上双击打开【教练台（课件编辑器）】软件，依次点击【冻结】、【复位工况(15号)】、【运行】按钮，调取15号混仿正常运行方式；点击【操作记录】按钮，开始记录操作内容。

（3）如图5-42所示,在主控面板上双击打开【就地辅助】软件,进入10 kV岸电变电站主接线图。

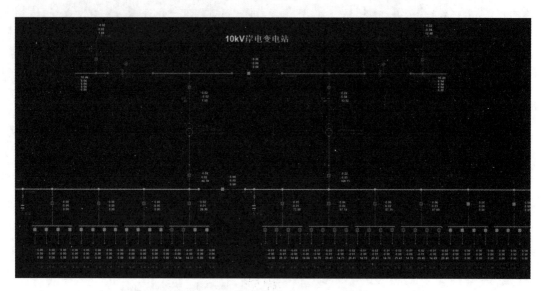

图5-42　10 kV岸电变电站主接线图

（4）在桌面上双击打开【JY8000综合监控】,输入用户名及密码,打开【综合图形】界面,如图5-43所示。

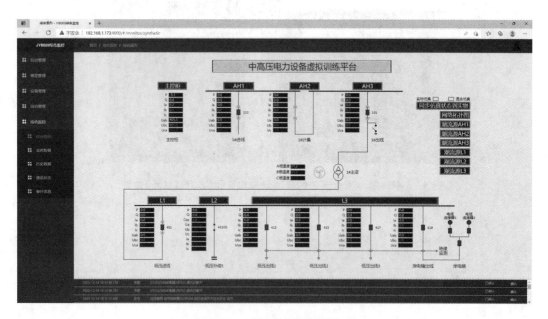

图5-43　【综合图形】界面

（5）将模拟主控制柜的【仿真模式切换开关】由【停用】模式切换到【混合仿真】模式,如图5-44所示。

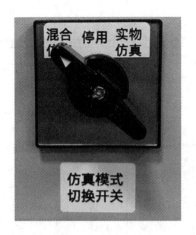

图 5-44 仿真模式切换开关状态

(6) 切换至【JY8000 综合监控】,查看【混仿仿真】模式是否点亮,硬件设备状态、JY8000 综合监控设备状态与【就地辅助】软件的设备状态是否同步一致,在主图空白区域点击右键选择【全部清闪】,如图 5-45 所示。

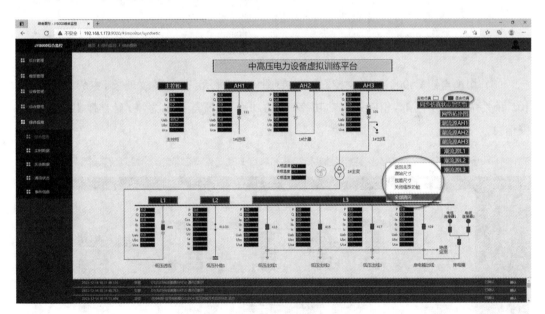

图 5-45 【综合图形】界面全部清闪

(7) 在教练台中设置故障,右侧厂站选择【10 kV 岸电变电站】,电压等级选择【10 kV】,故障时间选择【永久故障】;左侧选择【设备故障】、【变压器故障】、【三相短路】、【♯1 主变】、【变压器内部】;单击下方的【添加到教案列表】。单击【启动勾选教案】按钮,先发送异常,再发送故障;发送成功会显示在教练台下部的显示框中。以上操作显示界面如图 5-46 所示。

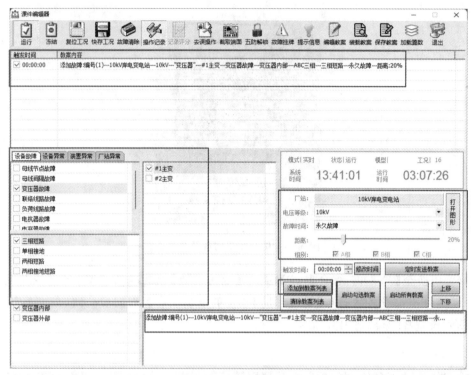

图 5-46 操作显示界面

(8) 切换至【JY8000 综自监控】软件,如图 5-47 所示,查看事故现象,主界面上 101、401 开关位置指示闪烁,相应的有功功率、无功功率、电流等指示为零;查看弹出的实时报警信息。

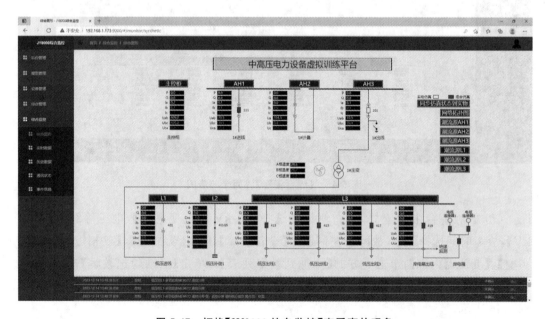

图 5-47 切换【JY8000 综自监控】查看事故现象

(9) 学员装备【安全帽】、【绝缘靴】、【绝缘手套】进入开关设备区域。

(10) 前往【♯1 出线 AH3】开关柜,点击保护液晶屏,查看液晶显示【电流 I 段跳闸】、101 开关确在分位状态,如图 5-48 所示,确认后单击下部的【复归】按钮。

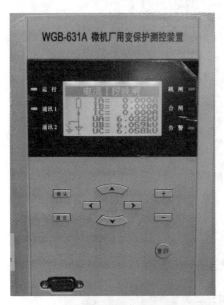

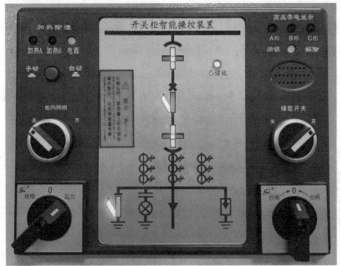

图 5-48 查看液晶显示中【电流 I 段跳闸】、【重合闸】、111 开关确在分位状态

(11) 前往【低压进线柜 L1】开关柜,查看 401 开关确在分位状态,如图 5-49 所示。

(12) 根据事故现象和现场巡视检查,可以判断为:10 kV ♯1 变压器范围内发生短路故障,厂用变保护动作,跳两侧开关。

(13) 事故处理:根据调度指令,依次将 401、101 手车摇至试验位置,合上 10140 接地刀闸,对 ♯1 变压器进行检修,合上 400 开关由 ♯2 变压器带 400 Ⅵ 段母线运行。

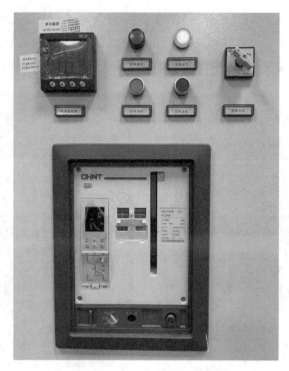

图 5-49　401 开关分位状态确认

（14）处理步骤 1：前往【低压进线柜 L1】开关柜，将【转换开关】把手转至【手动】位置，用专用摇把将 401 手车摇至试验位置，如图 5-50 所示。

图 5-50　把手位置转换

(15)处理步骤2:前往【♯1出线柜AH3】开关柜,将【转换开关】把手转至【就地】位置,如图5-51所示,用专用摇把将101手车摇至试验位置,并检查手车确在试验位置。

图5-51　前往【♯1出线柜AH3】开关柜,将【转换开关】把手转至【就地】位置

(16)处理步骤3:在【♯1出线柜AH3】开关柜,用专用把手合上10140接地刀闸,并检查接地刀闸确在合上位置,如图5-52所示。

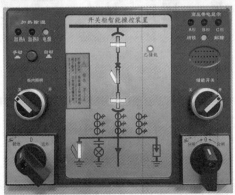

图5-52　【♯1出线柜AH3】开关柜刀闸操作

(17) 处理步骤 4：切换至【就地辅助】软件，进入 10 kV 岸电变电站主接线图，如图 5-53 所示，右键点击 400 开关，选择【开关操作】和【合闸】，由♯2 变压器带 400 Ⅵ 段母线运行（注意：401 手车位置不具备上传同步功能，以设备实际状态为准）。

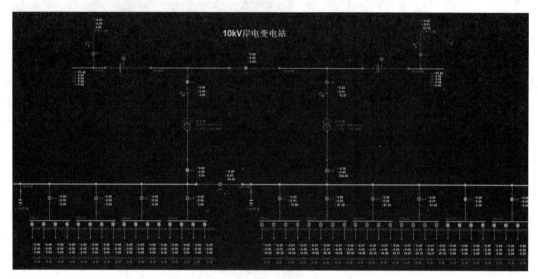

图 5-53　10 kV 岸电变电站主接线图

(18) 如图 5-54 所示，切换至【JY8000 综合监控】，查看当前硬件设备状态、JY8000 综合监控设备状态与【就地辅助】软件的设备状态是否同步一致（注意：401 手车位置不具备上传同步功能，以设备实际状态为准），在主图空白区域点击右键选择【全部清闪】；待故障排除后再根据调度指令恢复♯1 主变间隔送电。

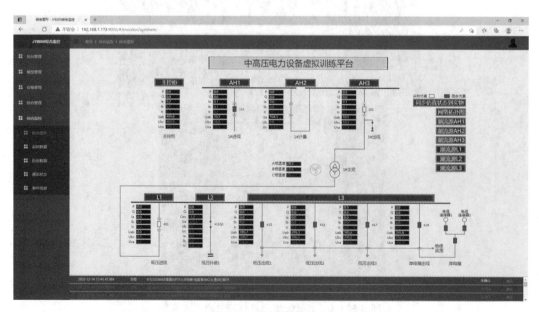

图 5-54　查看设备状态

(19) 归还安全工器具,事故处理任务结束。

(20) 切换至【教练台(课件编辑器)】软件,点击【操作记录】按钮,结束记录操作内容;点击【记录评分】按钮,查看并导出记录内容。

六、实验报告

(1) 根据实验内容将故障现象及处理过程记录在表 5-3 中。

表 5-3　故障现象与处理过程

项目名称							
故障时间			年　　月　　日　　时　　分　　秒				
综自监控							
潮流	故障前	P　Q　I					
	故障时	P　Q　I					
	故障后	P　Q　I					
实验设备							
处理过程							

(2) 将实验内容的记录导出为 Excel 表格存档。

实验十二 400 V 侧母线故障事故处理

一、实验目的

(1) 熟悉并掌握 400 V 侧母线故障导致的事故现象及处理方式。
(2) 了解并熟悉分析故障、隔离故障、恢复供电的全过程操作。

二、实验原理

(1) 过程描述：400 V 母线发生三相短路永久故障→厂用变保护动作跳开主变两侧开关→汇报、处理。

(2) 本站 400 V 母线采用单母分段接线，未配置母线保护，母线故障时由厂用变保护跳闸。

(3) 厂用变保护设三段式过电流保护：装置设Ⅰ、Ⅱ、Ⅲ段定时限过电流保护，各段电流及时间定值可独立整定。

三、实验任务

10 kV 岸电变电站 400 VⅠ母线三相短路永久故障检测、判断和处理。

四、硬件准备

(1) 打开模拟主控制柜柜门，首先确认【仿真模式切换开关】处于【停用】模式(见图 5-55)，然后依次将【总电源】、【主回路电源】、【二次回路电源】、【辅助回路电源】、【直流电源】空开合上(见图 5-56)，最后检查【直流电源模块 1】和【信号转换箱】是否正常运行，如图 5-57 所示。

图 5-55 仿真模式切换开关状态

第 5 章 电力工程实验的安全须知

图 5-56 依次合上空开

图 5-57 【直流电源模块 1】和【信号转换箱】的运行状态

续图 5-57

(2) 对主设备运行情况进行检查,所有设备均上电运行正常,确认所有开关的转换开关均在【远方】或【自动】位置,如图 5-58 所示。

图 5-58　确认所有开关的转换开关均在【远方】或【自动】位置

六、实验内容

(1) 右键点击主控面板在下拉菜单中选择【一键启动】选项启动仿真系统后台服务程序。

(2) 在主控面板上双击打开【教练台(课件编辑器)】软件,依次点击【冻结】、【复位工况(15号)】、【运行】按钮,调取15号混仿正常运行方式;点击【操作记录】按钮,开始记录操作内容。

(3) 在主控面板上双击打开【就地辅助】软件,进入 10 kV 岸电变电站主接线图,如图 5-59 所示。

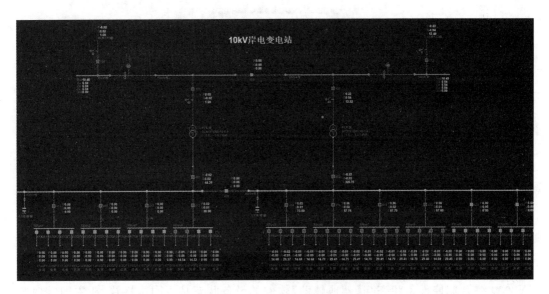

图 5-59　10 kV 岸电变电站主接线图

（4）在桌面上双击打开【JY8000 综合监控】，输入用户名及密码，打开【综合图形】界面，如图 5-60 所示。

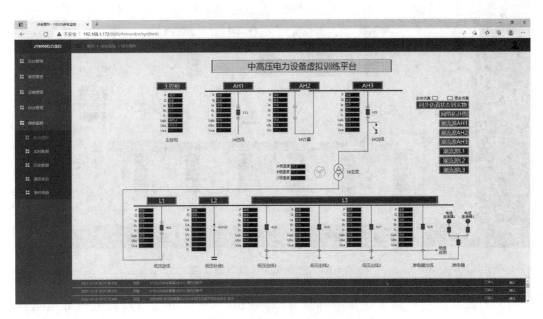

图 5-60　【综合图形】界面

（5）将模拟主控制柜的【仿真模式切换开关】由【停用】模式切换到【混合仿真】模式，如图 5-61 所示。

图 5-61 仿真模式切换开关状态

(6) 切换至【JY8000 综合监控】,查看【混仿仿真】模式是否点亮,硬件设备状态、JY8000 综合监控设备状态与【就地辅助】软件的设备状态是否同步一致,在主图空白区域点击右键选择【全部清闪】,如图 5-62 所示。

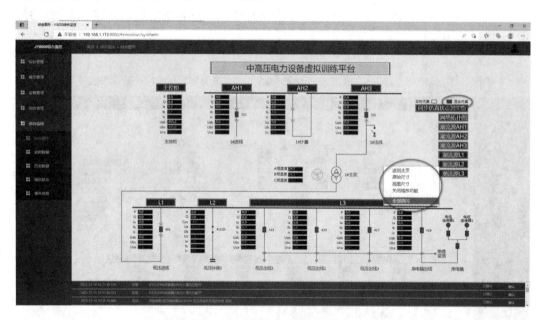

图 5-62 查看混合仿真下的状态

(7) 在教练台中设置故障,右侧厂站选择【10 kV 岸电变电站】,电压等级选择【400V】,故障时间选择【永久故障】;左侧选择【设备故障】、【母线节点故障】、【三相短路】,再选择【400VⅠ母】;单击下方的【添加到教案列表】。

单击【启动勾选教案】按钮,先发送异常,再发送故障;发送成功会显示在教练台下部的显示框中。以上操作显示界面如图 5-63 所示。

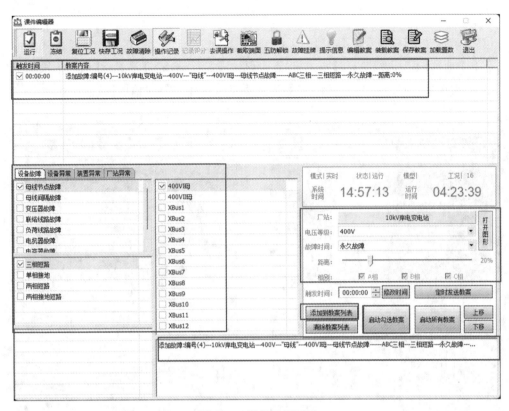

图 5-63 操作显示界面

（8）切换至【JY8000 综自监控】软件，如图 5-64 所示，查看事故现象，主界面上 101、401 开关位置指示闪烁，相应的有功功率、无功功率、电流等指示为零；查看弹出的实时报

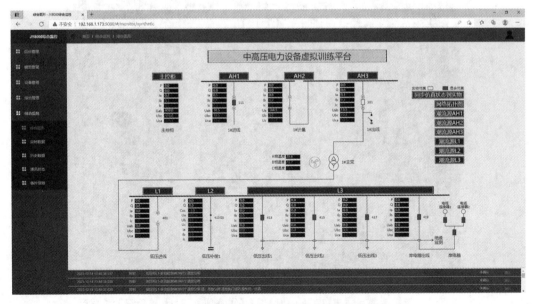

图 5-64 切换【JY8000 综自监控】查看事故现象

警信息。

（9）学员装备【安全帽】、【绝缘靴】、【绝缘手套】进入开关设备区域。

（10）前往【#1出线AH3】开关柜，点击保护液晶屏，查看液晶显示【电流Ⅰ段跳闸】、101开关确在分位状态，如图5-65所示，确认后单击下部的【复归】按钮。

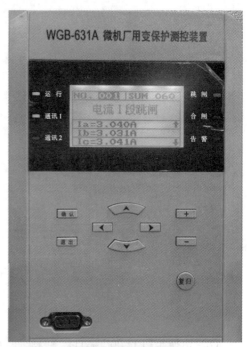
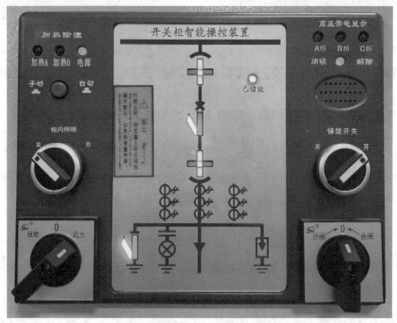

图5-65 查看液晶显示中【电流Ⅰ段跳闸】、【重合闸】、111开关确在分位状态

(11) 前往【低压进线柜 L1】开关柜,查看 401 开关确在分位状态,如图 5-66 所示。

图 5-66　401 开关分位状态确认

(12) 根据事故现象和现场巡视检查,可以判断为:400 V Ⅰ 段母线发生短路故障,厂用变保护动作,跳两侧开关。

(13) 事故处理:根据调度指令,首先依次将 413、415、417、419 开关断开,然后拉开 411QS 刀闸,最后依次将 401、101、400 手车摇至试验位置,在 400 V 母线上查找故障并排除。

(14) 处理步骤 1:前往【低压出线柜 L3】开关柜,首先依次将 413、415、417 抽屉开关分合把手打到分闸位置,然后将 419 的【转换开关】把手转至【手动】位置,按压分闸按钮将 419 开关分闸,如图 5-67 所示。

(15) 处理步骤 2:前往【低压补偿柜 L2】电容柜,将 411QS 的分合把手打到分闸位置,切除电容器组,如图 5-68 所示。

图 5-67 【低压出线柜 L3】开关柜操作面板

图 5-68 分合把手打到分闸位置

(16) 处理步骤 3：前往【低压进线柜 L1】开关柜，将【转换开关】把手转至【手动】位置，用专用摇把将 401 手车摇至试验位置，如图 5-69 所示。

 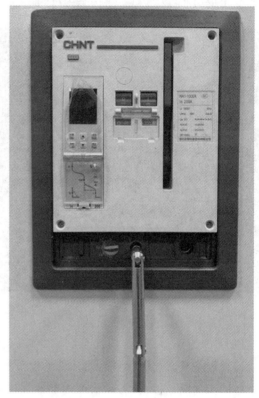

图 5-69　把手位置转换

(17) 处理步骤 4：前往【♯1 出线柜 AH3】开关柜，将【转换开关】把手转至【就地】位置，如图 5-70 所示，用专用摇把将 101 手车摇至试验位置，并检查手车确在试验位置。

 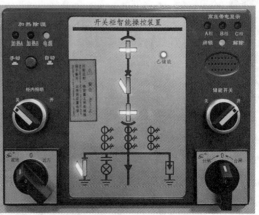

图 5-70　前往【♯1 出线柜 AH3】开关柜，将【转换开关】把手转至【就地】位置

(18) 处理步骤 5：切换至【就地辅助】软件，进入 10 kV 岸电变电站主接线图，如图 5-71 所示，右键点击 400 手车刀闸，选择【刀闸操作】和【试验位】（注意：401 手车位置不具备上传同步功能，以设备实际状态为准）。

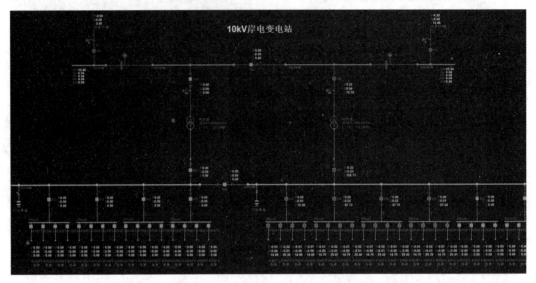

图 5-71　10 kV 岸电变电站主接线图

(19) 如图 5-72 所示，切换至【JY8000 综合监控】，查看当前硬件设备状态、JY8000 综合监控设备状态与【就地辅助】软件的设备状态是否同步一致（注意：401 手车位置不具备上传同步功能，以设备实际状态为准），在主图空白区域点击右键选择【全部清闪】；待故障排除后再根据调度指令恢复♯1 主变间隔送电。

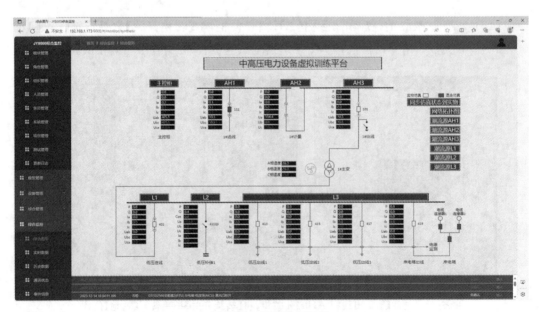

图 5-72　查看设备状态

(20) 归还安全工器具,事故处理任务结束。

(21) 切换至【教练台(课件编辑器)】软件,点击【操作记录】按钮,结束记录操作内容;点击【记录评分】按钮,查看并导出记录内容。

七、实验报告

(1) 根据实验内容将故障现象及处理过程记录在表 5-4 中。

表 5-4 故障现象及处理过程

项目名称				故障现象			
故障时间			年	月	日	时	分　秒
综自监控							
潮流	故障前	P　Q　I					
	故障时	P　Q　I					
	故障后	P　Q　I					
实验设备							
处理过程							

(2) 将实验内容的记录导出为 Excel 表格存档。

实验十三　变压器间隔停电倒闸操作

一、实验目的

(1) 熟悉并掌握变压器间隔由运行转检修倒闸操作。
(2) 了解并熟悉开倒闸操作第一种工作票的过程。
(3) 熟悉并掌握主变间隔操作顺序。
(4) 了解什么是冷备用态。
(5) 熟悉并掌握五防系统的作用。
(6) 了解并熟悉五防的功能及定义。

二、实验原理

1. 过程描述

接受调令→开操作票→合分段开关→分两侧开关→分两侧隔离开关→汇报。

2. 五防系统

五防系统是变电站防止误操作的主要设备,确保变电站安全运行、防止人为误操作的重要设备。任何正常倒闸操作都必须经过五防系统的模拟预演和逻辑判断,所以确保五防系统的完好和完善,能大大防止和减少电网事故的发生。随着电网的发展,用户用电量的日益增大,对用户供电的可靠性要求越来越高,五防系统的作用也变得更为重要。

五防系统工作原理是倒闸操作时先在防误主机上模拟预演操作,防误主机根据预先储存的防误闭锁逻辑库及当前设备位置状态,对每一项模拟操作进行闭锁逻辑判断,将正确的模拟操作内容生成实际的操作程序传输给电脑钥匙,运行人员按照电脑钥匙显示的操作内容,依次打开相应的编码锁对设备进行操作。全部操作结束后,通过电脑钥匙的回传,使设备状态与现场的设备状态保持一致。

五防功能主要指以下五个方面:

(1) 防止带负荷分、合隔离开关(注:开关、负荷开关、接触器合闸状态不能操作隔离开关)。

(2) 防止误分/合开关、负荷开关、接触器(注:只有操作指令与操作设备对应才能对被操作设备操作)。

(3) 防止接地刀闸处于闭合位置时分合开关、负荷开关(注:只有当接地刀闸处于分闸状态时,才能合隔离开关或手车,才能进至工作位置,才能操作开关、负荷开关闭合)。

(4) 防止在带电时误合接地刀闸(注:只有在开关分闸状态时,才能操作隔离开关或手车,才能从工作位置退至试验位置,才能合上接地刀闸)。

(5) 防止误入带电室(注:只有隔室不带电时,才能开门进入隔室)。

3. 变压器停电

操作前,运行方式为正常运行方式。

为了不影响用户的供电,在 2♯ 主变压器能承受的前提下,全部负荷由 2♯ 主变压器供给,倒闸操作前必须注意中性点的倒闸方式操作,停电操作必须按低、中、高的顺序,先断开三侧开关后才能依次断开低、中、高侧开关的两侧刀闸,断刀闸的顺序为主变侧刀闸、母线侧刀闸,主变压器的传动须在退出后备保护联跳母联开关保护连接片后,中性点地刀必须在断开位置。

4. 变压器送电

主变压器送电时,必须检查所有的安全措施是否全部拆除,两台主变压器的有载分头位置必须一致,冲击前,中性点地刀必须在合位,合刀闸的顺序为母线侧刀闸、主变侧刀闸,送电操作必须按高、中、低的顺序进行操作。

三、实验任务

10 kV 岸电变电站♯1 变压器间隔由运行转检修倒闸操作。

四、硬件准备

(1) 打开模拟主控制柜柜门,首先确认【仿真模式切换开关】处于【停用】模式(见图 5-73),然后依次将【总电源】、【主回路电源】、【二次回路电源】、【辅助回路电源】、【直流电源】空开合上(见图 5-74),最后检查【直流电源模块 1】和【信号转换箱】是否正常运行,如图 5-75 所示。

图 5-73 仿真模式切换开关状态

图 5-74 依次合上空开

图 5-75 【直流电源模块 1】和【信号转换箱】的运行状态

续图 5-75

（2）对主设备运行情况进行检查，所有设备均上电运行正常，确认所有开关的转换开关均在【远方】或【自动】位置，如图 5-76 所示。

图 5-76　确认所有开关的转换开关均在【远方】或【自动】位置

五、实验内容

（1）右键点击主控面板在下拉菜单中选择【一键启动】选项启动仿真系统后台服务程序。

（2）在主控面板上双击打开【教练台（课件编辑器）】软件，依次点击【冻结】、【复位工况（15 号）】、【运行】按钮，调取 15 号混仿正常运行方式；点击【操作记录】按钮，开始记录操作内容。

（3）在主控面板上双击打开【就地辅助】软件，进入10 kV岸电变电站主接线图，如图5-77所示。

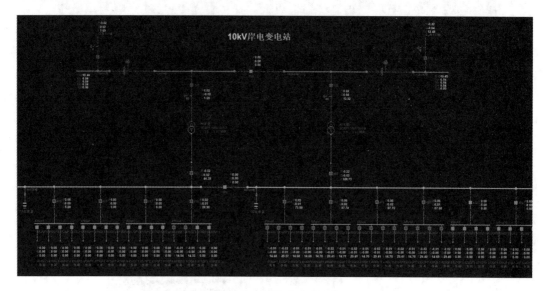

图 5-77　10 kV岸电变电站主接线图

（4）在桌面上双击打开【JY8000综合监控】，输入用户名及密码，打开【综合图形】界面，如图5-78所示。

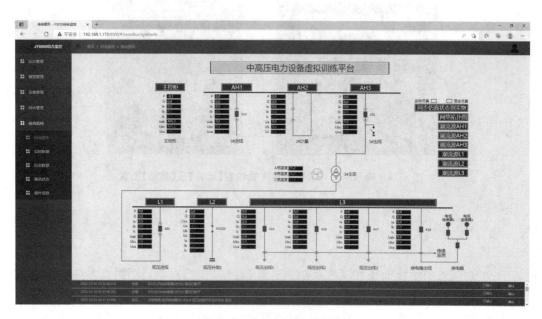

图 5-78　【综合图形】界面

（5）将模拟主控制柜的【仿真模式切换开关】由【停用】模式切换到【混合仿真】模式，如图5-79所示。

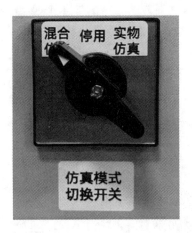

图5-79 仿真模式切换开关状态

（6）切换至【JY8000综合监控】，查看【混仿仿真】模式是否点亮，硬件设备状态、JY8000综合监控设备状态与【就地辅助】软件的设备状态是否同步一致，在主图空白区域点击右键选择【全部清闪】，如图5-80所示。

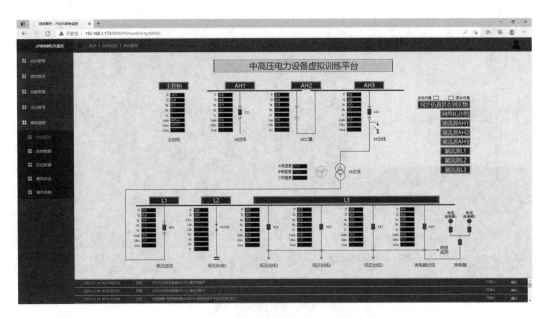

图5-80 查看混合仿真下的状态

（7）根据倒闸操作任务拟写倒闸操作票，并通过五防系统验证。

（8）在主控面板上双击打开【五防开票】软件，点击五防开票软件右上角的登录按钮，选择用户登录进行登录，密码为空，如图5-81所示。

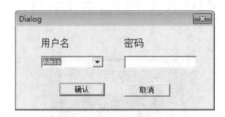

图 5-81 登录界面

① 点击左上角第四个按钮选择【是】进行图形开票,如图 5-82 所示。

图 5-82 图形开票

② 按照倒闸操作票的步骤依次点击 400 开关、401 开关、101 开关、401 手车(摇至"试验位")、101 手车(摇至"试验位"),完成一次设备图形开票,如图 5-83 所示。

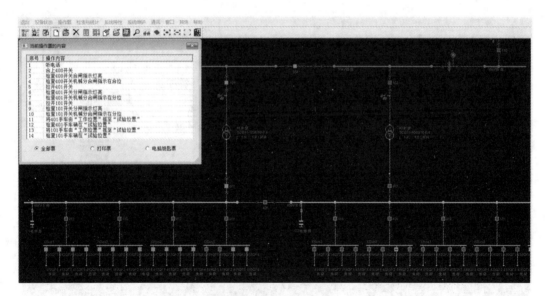

图 5-83 倒闸操作票步骤

③ 单击左上角的图形开票按钮结束图形开票。

④ 选择【预演该操作票】,核对操作是否正确。

(9) 学员装备【安全帽】、【绝缘靴】、【绝缘手套】进入开关设备区域。

(10) 倒闸操作步骤 1:切换至【就地辅助】软件,进入 10 kV 岸电变电站主接线图,如

图 5-84 所示,右键点击 400 开关,选择【开关操作】、【合闸】,由#2 变压器带 400 Ⅵ段母线运行。

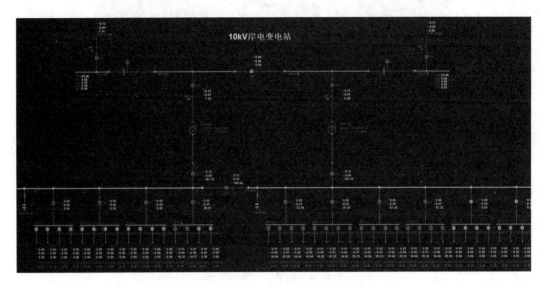

图 5-84　10 kV 岸电变电站主接线图

(11) 倒闸操作步骤 2:【低压进线柜 L1】开关柜,将【转换开关】把手转至【手动】位置,如图 5-85 所示,按压分闸按钮将 401 开关分闸。

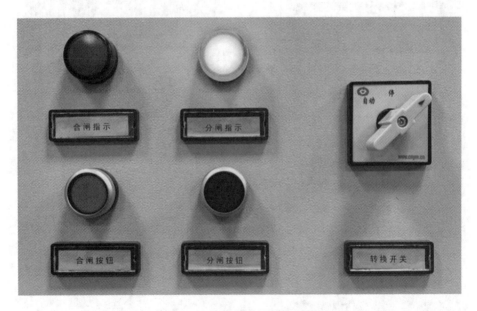

图 5-85　倒闸操作票操作面板

(12) 倒闸操作步骤 3:前往【#1 出线柜 AH3】开关柜,将【转换开关】把手转至【就地】位置,如图 5-86 所示,用 101 分合闸把手将 101 开关分闸。

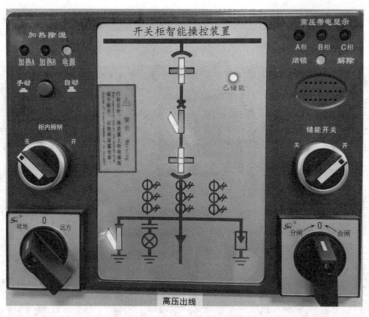

图 5-86　确认 101 开关分闸

（13）倒闸操作步骤 4：前往【低压进线柜 L1】开关柜，将【转换开关】把手转至【手动】位置，如图 5-87 所示，用专用摇把将 401 手车摇至试验位置。

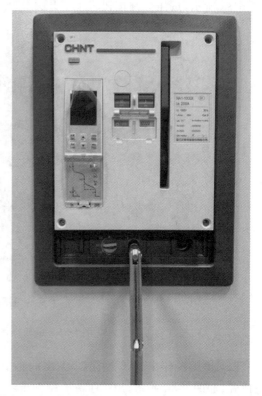

图 5-87　【低压进线柜 L1】开关柜状态操作

(14)倒闸操作步骤 5：前往【♯1 出线柜 AH3】开关柜，将【转换开关】把手转至【就地】位置，如图 5-88 所示，用专用摇把将 101 手车摇至试验位置，并检查手车确在试验位置。

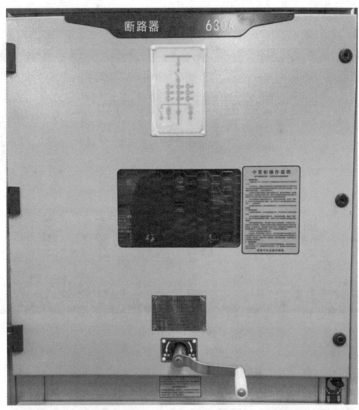

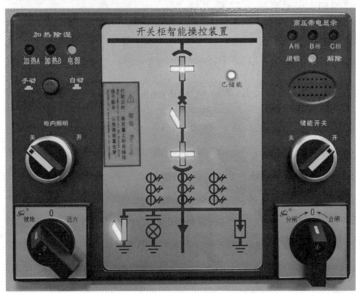

图 5-88 【♯1 出线柜 AH3】开关柜状态操作

(15）切换至【JY8000综合监控】，查看当前硬件设备状态、JY8000综合监控设备状态与【就地辅助】软件的设备状态同步一致，如图5-89所示（注意：401手车位置不具备上传同步功能，以设备实际状态为准），在主图空白区域点击右键选择【全部清闪】；待故障排除后再根据调度指令恢复♯1主变间隔送电。

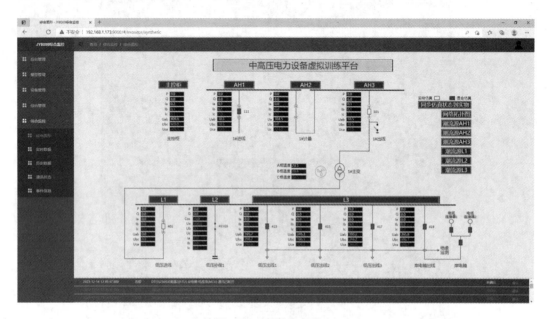

图5-89　查看设备状态

（16）归还安全工器具，倒闸操作任务结束。
（17）切换至【教练台（课件编辑器）】软件，点击【操作记录】按钮，结束记录操作内容；点击【记录评分】按钮，查看并导出记录内容。

六、实验报告

（1）根据实验内容将倒闸操作票导出为Word文档存档。
（2）将实验内容的仿真系统操作记录导出为Excel表格存档。